Cay von Fournier

WERT SCHAFFEN DURCH WERTE

Für

Silvia

und für meine Kinder **León, Mira** und **Felix.**

Und allen Menschen, die jeden Tag zeigen,
dass Werte und Wert Hand in Hand gehen.

2 Euro vom Verkaufserlös jedes Buches werden vom Verlag an „Children for a better World“ und „Target“ gespendet. Weitere Informationen auf Seite 222, 223 und unter *www.target-nehberg.de* und *www.children.de*

„Die größte Entscheidung deines Lebens liegt darin,
dass du dein Leben ändern kannst,
indem du deine Geisteshaltung änderst."

Albert Schweitzer

Vorworte 4

TEIL I VOM WERT DER WERTE 7

Was Werte sind 8

Wo Werte herkommen 21

Warum Werte Mehrwert bringen 29

Warum es so schwer ist, Werte zu leben 40

Wer Werte ins Spiel bringen kann 50

TEIL II WIE WERTE WIRKSAM WERDEN 55

SSK-Gruppe: Sülzle-Stahlpartner-Kopf 56

Brother 88

Nordmann Unternehmensgruppe 118

Weisses Bräuhaus G. Schneider & Sohn 148

Volksbank Mittweida eG 178

TEIL III WARUM MIR WERTE WICHTIG SIND 209

Was-Werte: Was will ich im Leben erreichen? 210

Wie-Werte: Wie will ich mein Leben leben? 215

Der Weg ist wichtiger als das Ziel 217

Literatur, Adressen 220

VORWORT

Nach der schweren Finanz- und Wirtschaftskrise der Jahre 2008/2009 erlebt die Wirtschaft eine Renaissance der Werte: Nachhaltigkeit, Ehrlichkeit, Vertrauen, Verantwortungsbewusstsein, Zuverlässigkeit, Mut und Engagement spielen wieder eine Rolle. Das Wunder des „German Mittelstand" wird weltweit diskutiert, da es diesem so erstaunlich gut gelingt, durch Krisenzeiten zu navigieren. Gelebte Werte sind hier ein Schlüssel des Erfolgs. Denn das Spannungsfeld zwischen der Wertschätzung traditioneller Grundsätze und nachhaltiger Innovation setzt enorme Energien frei. Werte wirken gegen die Exzesse, die unverantwortliche Unternehmen in den Ruin getrieben haben. Werte werden heute erkannt als Grundlage eines wirklichen Wandels im Bewusstsein – von Menschen, Unternehmen, Regionen. Dabei sind wir vor große Herausforderungen gestellt. Denn der Wert einer werteorientierten Unternehmensführung lässt sich zwar einschätzen, aber nicht eindeutig beziffern. Das Gedankenmodell des Managements („Man kann nur managen, was man auch messen kann") greift hier nicht. Dazu ist das System Wirtschaft viel zu komplex. Es geht um mehr. Es geht um gute Führung und gesunden Menschenverstand. Es gibt starke Anhaltspunkte dafür, dass unsere Thesen gelten: Wertschätzung bringt Wertschöpfung. Werte schaffen Wert. Dafür sprechen auch die Geschichten von fünf Unternehmen aus verschiedenen Branchen, die wir für dieses Buch ausgewählt haben. Sie zeigen, wie Werte heute gelebt werden und warum genau das ein zentraler Grund für ihren Erfolg ist.

Ich wünsche Ihnen viel Freude mit dieser Lektüre, einen großen Nutzen für Ihr Unternehmen und Bestätigung für Sie persönlich, dass Sie auf dem richtigen Weg sind, wenn Sie Werten eine große Bedeutung schenken.

Mit WERTvollen Grüßen,

Ihr Dr. Dr. Cay von Fournier

VORWORT

Während wir fast täglich mit Befremden von anonymen, börsenorientierten Unternehmen lesen, die nur an Quartalsergebnisse denken, sind Familienunternehmen beständiger Motor für Wachstum und Beschäftigung. Warum? Weil sie einen generationsübergreifenden (Investitions-)Horizont haben. Weil sie Nachhaltigkeit leben. Weil sie Kontinuität und Tradition in sich tragen.

Weil Führungsverantwortung und Wertesystem eine Verlässlichkeit und Glaubwürdigkeit ausstrahlen, die essentiell für Mitarbeiter und Partner ist. Weil diese wissen, mit wem sie es in der Führung zu tun haben und wer wirklich entscheidet – heute und morgen. Weil unternehmerisches Denken und Anpacken in seiner optimistischen Grundhaltung allen Beteiligten Freude an der Arbeit vermittelt. Weil langfristiges Wachstum höher auf der Prioritätenliste steht als die „quarterly results". Weil Menschlichkeit für viele Mitarbeiter wichtiger ist als Ellenbogen und Karrieregerangel. Und weil es als Teil unternehmerischer Verantwortung gesehen wird, Arbeitsplätze durch innovatives Erspüren neuer Marktchancen zu sichern und somit Loyalität gegenüber den Mitarbeitern zu leben.

Kurz: Weil es diesen Unternehmen gelingt, mit Werten Werte zu schaffen.

Ich wünsche dem neuen Buch des SchmidtColleg zahlreiche geneigte Leserinnen und Leser, denn es geht dieser Beziehung von „Profit und Moral", von Verantwortung und wirtschaftlichem Erfolg auf den Grund.

Herzlichst,

Florian Langenscheidt

Dr. Florian Langenscheidt

Familienunternehmer
Gründer und Vorstandsvorsitzender Children for a better World e.V.

TEIL I

VOM WERT DER WERTE

WAS WERTE SIND

Werteorientiert wirtschaften – das klingt gut, aber abstrakt. Was Werteorientierung nicht ist, wissen wir dagegen sehr genau: Abkassieren, ausbeuten, betrügen, hinterziehen, vertuschen..., die Liste ließe sich problemlos verlängern. Aber was sind Werte? Wie sieht eine werteorientierte Führung konkret aus? Was bringt sie? Und ist das, was sie bringen könnte, überhaupt messbar? Wir sagen: Werteorientierung macht den entscheidenden Unterschied. Wertschätzung bringt Wertschöpfung. Werte schaffen Wert.

KEIN WERT, NIRGENDS?

Bei der Frage nach dem Stellenwert der Werte in der heutigen Wirtschaft gehen die Meinungen allerdings weit auseinander. Einerseits wird die vollständige Abwesenheit von Werten in der Wirtschaft beklagt, andererseits eine Renaissance der Werte beschworen. Umfragen wie die des Meinungsforschungsinstituts ***Harris Interactive*** (2009) zeigen zum Beispiel, dass 81 Prozent von 1.000 befragten Bundesbürgern Manager für unmoralisch halten. Und der Verein ***Wertekommission – Initiative Werte Bewusste Führung*** fand heraus (2009), dass mehr als zwei Drittel der jungen Führungskräfte zwischen 26 und 40 Jahren selbst keine werteorientierte Führung durch das Top-Management erfahren.[1] Ihr eigenes werteorientiertes Handeln im Unternehmen werde erschwert durch:

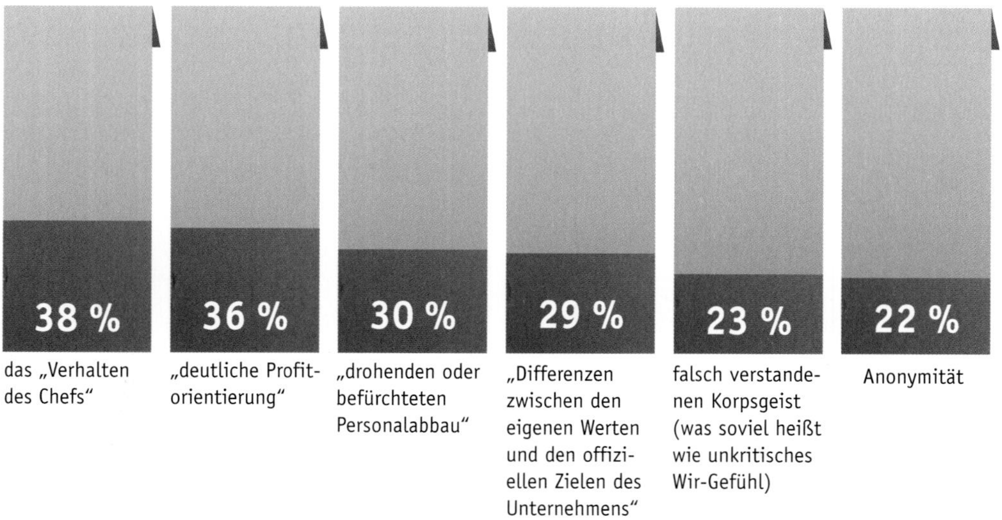

Gilt das Bonmot von Bertold Brecht also immer noch, das er in seiner Dreigroschenoper von 1928 dem Gauner Mackie Messer in den Mund legte?

„Erst kommt das Fressen,
dann die Moral."

RENAISSANCE DES „EHRLICHEN KAUFMANNS"

So einfach ist es nicht. Denn erstens glaube ich, dass sich die Moral nicht nach dem „Fressen" zeigt, sondern vor allem während des „Fressens". Das können wir sehr schön beobachten, wenn über Konflikte in Wirtschaft und Politik berichtet wird. Und zweitens befeuern Studien wie diese die hundsgewöhnliche und nicht besonders intelligente Managerschelte, die uns die Medien täglich präsentieren. Dieses Treten geht ganz einfach, erzeugt zuverlässige Aufschreie, trifft aber immer nur die Oberfläche.

Ja: In vielen Unternehmen geht es um die Performance, um kurzfristige Erfolge – und die Moral bleibt auf der Strecke. In vielen aber auch nicht. Und bei diesen vielen handelt es sich nicht um die wenigen Konzerne, die den größten Teil der Berichterstattung an sich ziehen wie gigantische Magnete. Es handelt sich um die vielen traditionellen und im besten Sinne „ehrlichen Kaufleute" im deutschen Mittelstand, für die ich in diesem Buch eine Lanze brechen möchte.

Diese Unternehmer sehen sich schon immer in der ökonomischen Verpflichtung ihren Mitarbeitern und ihrer Region gegenüber, sie sehen sich in der sozialen Verpflichtung, bieten Jugendlichen eine Ausbildung, schenken den örtlichen Sportvereinen Trikots und Busse und unterstützen Familien, wo sie nur können. Zunehmend zeigt sich auch der Sinn für die ökologische Verpflichtung: Zum einen im Portfolio der Produkte und Dienstleistungen, aber auch im Zuschnitt der Prozesse und in der Auswahl der Geschäftspartner.

Dieser Sinn für die eigene Verpflichtung zeigt sich heute wieder verstärkt. Und zwar so sehr, dass die aktuelle Studie der Wertekommission (2010) zu einem anderen Ergebnis kommt als in den Jahren zuvor. Sie zeigt „die bemerkenswerte Entwicklung des Wertethemas innerhalb der Wirtschaft – von der Peripherie ins Zentrum der Unternehmen, von einem gelegentlich als ‚Blümchenthema' verspotteten Feld hin auf die Ebene der Führungskräfteentwicklungen und der strategischen Planungen." Die Vorstände der Wertekommission, Mathias Bucksteeg und Kai Hattendorf, ziehen das Fazit:

„Werte schaffen Wert – heute nach Meinung deutscher Führungskräfte mehr denn je."

Aber damit haben wir eine Frage immer noch nicht beantwortet: Was sind eigentlich Werte? Und gab es da nicht noch so etwas wie Moral, Ethik und Tugenden? Wie hängt das alles zusammen?

MORAL, ETHIK, TUGENDEN, WERTE – WAS DENN NUN?

Mit Moral sind Normen, Werte und Ideale gemeint, die uns Orientierung geben, wie wir unser Leben führen sollten. Derartige Orientierungssysteme gibt es in jeder menschlichen Gesellschaft. Sie gehen immer zurück auf mythische, religiöse, sittliche oder rechtliche Überzeugungen, die von Generation zu Generation weiter gegeben werden. Warum braucht die Menschheit so etwas? Kurt Bayertz, Professor für praktische Philosophie an der Universität Münster, hat in seinem Buch „Warum überhaupt moralisch sein?“ eine praktische Erklärung vorgelegt:

„Wären die Menschen von Natur aus gut, wäre Moral überflüssig; wären sie von Natur aus schlecht, so bliebe Moral wirkungslos. Als soziale Institution besteht ihre Funktion darin, der Begrenztheit des Wohlwollens, der Gemeinschaftsgefühle, des Mitleids und der Liebe unter den Menschen entgegenzuwirken.“

Im Unterschied zur Moral will die Ethik sich nicht mit dem zufrieden geben, was uns frühere Generationen mit auf den Weg gegeben haben. Sie versucht – etwa seit dem 17. Jahrhundert – eine bewusste Reflexion. Es geht der Ethik darum, „den Sinn des Lebens zu erkunden, zu untersuchen, was das Leben lebenswert macht, oder zu erforschen, welches die rechte Art zu leben ist“ (Ludwig Wittgenstein).[2] Und das immer wieder, in immer neuen Diskussionen.

Denn über die Richtigkeit ethischer Behauptungen kann nur im Diskurs verhandelt und im Konsens entschieden werden. Findet ein solcher Diskurs nicht statt, stehen am Ende nichts weiter als willkürlich gesetzte Dogmen. Wie schnell solche Festsetzungen veralten, sehen wir, wenn wir uns Firmenleitsätze anschauen, die vor zwanzig Jahren aufgesetzt worden sind. Wir wissen es auch aus den Diskussionen mit unseren Großeltern, Eltern oder den eigenen Kindern über den Wert bestimmter Bildungsinhalte (Latein!?), Medienformate (Dieter Bohlen!?), Kleidungsstile (Glitzer!?) oder Essgewohnheiten (beim Fernsehen!?) – um nur wenige Themen anzuschneiden.

Es gibt nicht das Eine, das Gute und das Wahre. Viele Menschen meinen aber, es erkannt zu haben, und lassen sich dazu verführen, anderen Menschen ihre Vorstellungen aufzuzwingen. Sokrates war der Meinung, „dass alles Unheil, das Menschen über Menschen bringen, in dieser Verwechslung gründe".[3]

„Ethik ist ins Grenzenlose erweiterte Verantwortung gegen alles, was lebt."

Albert Schweitzer

Die Tugenden nun sind gewissermaßen eine Unterabteilung der Ethik. Kaum jemand hat das Wort „Tugend" noch in seinem aktiven Wortschatz, das nichts weiter bedeutet als die Fähigkeit und innere Haltung, Gutes zu tun, und zwar gut und gerne. Werte wie Teamgeist, Verlässlichkeit, Ehrlichkeit, Fleiß, Treue, Disziplin und Pünktlichkeit sind Sekundärtugenden (die wir zumeist mit dem Attribut „preußisch" versehen) und damit wieder eine Unterabteilung der Tugenden.

In „guten" Unternehmen führen diese Sekundärtugenden zu guten Ergebnissen. Sie selbst aber sind unkritisch. Das heißt, die gleichen Tugenden führen auch in „schlechten" Systemen ebenfalls zu guten Ergebnissen. Überspitzt gesagt: Man kann mit diesen Tugenden genauso effektiv „gute" Biogeflügelhöfe wie „böse" Legebatterien bauen. Das ist der Grund, warum diese Tugenden als „sekundär" bezeichnet werden.

Im Unterschied dazu fordern die primären Tugenden, die Platon vorgestellt hatte – Weisheit, Tapferkeit, Besonnenheit, Gerechtigkeit – immer eine kritische Analyse der Rahmenbedingungen: Tapferkeit degeneriert zur Tollkühnheit, Gerechtigkeit zu

Ungerechtigkeit, Besonnenheit zu Unentschlossenheit, wenn wir die Situation falsch einschätzen. Tugend ist also das, was sich äußert, wenn innere Werte praktisch gelebt werden. Und damit wären wir endlich bei den Werten.

„Werte sind Leitlinien zur Orientierung des Menschen, die Handlungsziele vorgeben und für die Sinnbildung bedeutsam sind."

Viktor Frankl

Der österreichische Psychologe Viktor E. Frankl hat drei Werte als Wege zu einem sinnerfüllten Leben aufgezeigt und diese in das Zentrum seiner Überlegungen gestellt:

Schöpferische Werte: Jeder Mensch wirkt durch sein Denken und Handeln auf die Welt, in der er lebt. Es kommt dabei nicht darauf an, wie groß seine Verantwortung oder sein Aktionsradius ist. Es kommt allein darauf an, „wie er arbeitet, ob er den Platz, auf den er nun einmal gestellt ist, tatsächlich auch ausfüllt".[4] Die meisten Menschen definieren ihren Sinn wohl entlang ihres persönlichen „Tuns", wir können auch sagen, entlang ihres „Unternehmens". So ist es nur folgerichtig, dass viele Unternehmensleitbilder genau diesen Wert im Kern tragen: „Leidenschaftlich Zukunft gestalten" heißt es zum Beispiel bei der Nordmann-Gruppe (siehe Unternehmensporträt in diesem Buch).

Erlebniswerte: Es ist aber nicht allein das Tun, das Menschen und Unternehmen Sinn gibt. Es können auch Werte sein, „die im Erleben verwirklicht werden".[5] Der von der Nordmann-Gruppe unterstützte Schulbauernhof an der Ostseeküste zum Beispiel hat sich die Vermittlung des Wertes Natur-Erlebnis als Vision gesetzt. Es kann aber auch das Erleben von Geselligkeit und Gemeinschaft sein, das sowohl die Visionen von Nordmann als auch das der Bierbrauerei Schneider prägt. Oder das Erleben echter, menschlicher Partnerschaft – ein Wert, der den Visionen der SSK-Gruppe und des Unternehmens Brother zugrunde liegt.

Einstellungswerte: Die dritte Kategorie der Werte gehört laut Frankl zu den „höchsten" Werten des Menschen überhaupt. Sie zeigen und verwirklichen sich im Moment einer persönlichen Katastrophe: Der Vater stirbt plötzlich, so dass Mutter und Söhne die Firma alleine weiter führen müssen – so geschehen bei den Unternehmerfamilien Sülzle und Nordmann. Ein politisches System bricht zusammen, und trotzdem sollen Konten und Geschäfte weiter geführt werden – so geschehen bei der Volksbank Mittweida „Die Möglichkeit, derartige Einstellungswerte zu verwirklichen, ergibt sich also immer dann, wenn sich ein Mensch einem Schicksal gegenübergestellt findet", erklärt Frankl. In diesem Augenblick komme es darauf an, „dass er es auf sich nimmt, dass er es trägt" und „wie er es trägt".[6] Es geht also um Haltungen wie Tapferkeit und Würde, selbst wenn alles verloren scheint.

WARUM WERTE WICHTIG SIND

Warum nun sollen Werte, welcher Art auch immer, konkret wertvoll sein für ein Unternehmen? Ich sehe zwei zentrale Gründe: Werte geben Orientierung. Und Werte verbinden die Wirtschaft mit den Menschen.

WERTE GEBEN ORIENTIERUNG

Für mich stellen die Werte eines Unternehmers einen Ausgangspunkt für das gesamte Unternehmen dar. Es sind diese Werte, die Unternehmenskultur prägen: Eine vom Erlebniswert „Geselligkeit" getragene Firma wird selbstverständlich großen Wert auf kooperatives Arbeiten und regelmäßiges Feiern legen. Und ein Unternehmen, das seine Kraft aus dem Wert der „Brüderlichkeit“ gewinnt, wird von gegenseitiger Hilfe, Zuverlässigkeit und Fairness geprägt sein. Es sind diese Werte, die allem voran das anzeigen, **„wie“** man miteinander arbeitet.

- Wie wollen Sie mit Ihren Mitarbeitern umgehen, mit Ihren Geschäftspartnern, Zulieferern und Kunden?
- Wie wollen Sie in Ihrem Unternehmen gemeinsam leben und arbeiten?
- Wie wollen Sie wirtschaften?

Von diesem Impuls ausgehend kann jedes Unternehmen relativ einfach definieren, **„was“** es unternehmen und erreichen möchte. Dieses „was“ lässt sich in einem Leitbild fokussieren, das verschiedene Elemente umfassen kann:

- Die Vision Ihres Unternehmens („Das möchten wir sein.“).
- Die Mission Ihres Unternehmens („Das tun wir konkret dafür.“).
- Verhaltensleitlinien für Führungskräfte und Mitarbeiter.
- Verpflichtungen und Verantwortlichkeiten gegenüber einzelnen Teilnehmern an einem Unternehmen, egal ob Inhaber, Kunde, Mitarbeiter, Lieferant oder andere Geschäftspartner.

Wichtig ist, dass solch ein Leitbild nicht nur aus der Geschäftsführung, also „von oben“ definiert wird, sondern auch an der Basis. Weil die Werte im Idealfall nicht „erfunden“, sondern in der gelebten Alltagspraxis lediglich „gefunden“ und prägnant formuliert werden, können Sie als Unternehmer dabei nur gewinnen: Sie fördern einen Konsens über das, was ohnehin schon da ist. Die Wertediskussion wirkt wie ein Magnet inmitten von ungeordneten Eisenspänen. Dabei wirkt ein Magnet. Er zieht an und stößt ab. Gerne sprechen wir von der Magnetwirkung eines Unternehmens auf seine Kunden. Wird ein solcher Magnet aber auch in einem Unternehmen gepflegt?

Aus dem Leitbild ergibt sich dann die **Richtung,** in die die Reise konkret gehen soll:

- Welche Ziele wollen Sie erreichen?
- Welche Schritte wollen Sie konkret gehen?

Auf dieser Grundlage fällt es Unternehmen nicht mehr schwer, konkrete Aufgaben zu definieren, so dass jeder zur Realisierung des großen Ziels beitragen kann. Und das gerne: Denn wenn die grundlegenden Werte eines Unternehmens und seine konkreten Strategien zusammen passen, entfalten sie eine große Zugkraft.

Umgekehrt gilt: Werte stellen eine so starke Triebfeder für das Unternehmen dar, das man sehr behutsam mit ihnen umgehen muss. Professor Ulrich Hemel, Geschäftsführender Gesellschafter der ***Strategie und Wert Beratungs- und Beteiligungs-GmbH*** und Vorstandsvorsitzender des ***Forschungsinstituts für Philosophie*** in Hannover, warnt deshalb eindringlich: „Bestimmte Werte gehören zum ‚inneren Kern', der sich auf den eigentlichen Zweck und die innere Triebfeder eines Unternehmens zurückführen lässt. Nimmt man auf diesen inneren ‚Set of Values' keine Rücksicht, wird ein Unternehmen zerbrechen."[7] Sowohl Mitarbeiter als auch Kunden hätten ein feines Gespür für Unstimmigkeiten zwischen gelebten Werten und postulierter Strategie. Gibt es hier Missklänge, gingen solche Unternehmen „dann scheinbar an Markturbulenzen, tatsächlich aber an innerer Orientierungslosigkeit zugrunde."

WERTE VERBINDEN WIRTSCHAFT MIT GESELLSCHAFT

Dass sich Unternehmer für die Gesellschaft engagieren (eher formuliert man „für die Region"), hat in Deutschland eine lange Tradition und ist für viele Unternehmen eine Selbstverständlichkeit. Faber-Castell, Otto, Henkel und vor allem Robert Bosch werden immer wieder genannt, wenn es um die Anfänge dessen geht, was heute Corporate Social Citizenship (CSR) heißt. In vielen Städten tragen Krankenhäuser, Forschungsinstitute und Parks bis heute die Namen ihrer Stifter – zumeist ist es uns aber gar nicht mehr bewusst, dass es sich hier tatsächlich um außerordentlich große Schenkungen großer Unternehmer handelt.

Auch in den Regionen würdigen wir heute das kontinuierliche Engagement der vielen Kleinunternehmen und Handwerksbetriebe oft nicht mehr angemessen. Hier geht es vor allem um Geld- und Sachspenden, außerdem um konkrete Mithilfe für soziale Projekte, Sportvereine, Kulturveranstaltungen, für Bildung und Ökologie.

Tatsächlich sind es aber „die Unternehmensführer mit großen gesellschaftlichen Visionen, oft gepaart mit echtem Erfindergeist", die nicht nur am Beginn der Industrialisierung, sondern auch in der jüngsten Vergangenheit „gesellschaftliche Entwicklungsschübe bewirkt haben".[9]

Hier ist vor allem das Engagement des DM-Drogeriemarkt-Gründers Götz Werner zu nennen, der es sich zur Aufgabe gemacht hat, junge Menschen für Kunst und Kultur zu begeistern (Wert „Verantwortlich leben"), mit Blick auf Umwelt und Natur zu wirtschaften (Wert „Nachhaltig handeln") und seinen Mitarbeiterinnen und Mitarbeitern Gestaltungsspielraum zu geben und fair zu entlohnen (Wert „Menschlich sein").

Dabei macht er sich auch Gedanken über eine neue Gesellschaftsform. Mit seiner Idee eines nicht an Bedingungen geknüpften Grundeinkommens lädt er zur Diskussion ein – und zeigt sich als Mensch, dem Werte wichtig sind.

Ich persönlich trete eher für den Wert der Freiheit ein. Das ist der Grund, warum ich mich so leidenschaftlich für den Mittelstand engagiere, für die freien Unternehmer in unserem Land. Für mich gehören allerdings Freiheit und Verantwortung zusammen. Wenn wir den Menschen die Freiheit nehmen (dies ist in unserer Gesellschaft ein derzeit schleichender Prozess), so werden wir auch immer weniger Menschen finden, die Verantwortung tragen.

Wenn Menschen keine Verantwortung mehr übernehmen, und wenn sie Werte nicht mehr wirklich leben, so werden sie ihre Freiheit verlieren. Beides beobachte ich im Moment, und beides sehe ich als einen wesentlichen Grund für die Krisen an, die unsere globale Gesellschaft und Wirtschaft derzeit erschüttern.

Wenn wir wirklich voran kommen wollen, können wir nicht auf Impulse des Staates warten. Wir können auch nicht darauf warten, dass „ein Ruck" durch die Bevölkerung geht. Wenn wir eine moderne, demokratische und lebendige Gesellschaft haben wollen, die gut ausgebildete und motivierte Fachkräfte hervorbringt, dann müssen wir als Unternehmer uns aktiv dafür einsetzen. Wir als Unternehmer müssen uns als aktive „Bürger" des Landes begreifen. Und wir müssen zugleich unsere Mitarbeiterinnen und Mitarbeiter dazu motivieren, sich in ihren Regionen „unternehmerisch" für soziale und ökologische Projekte einzusetzen.

„Eine lebendige Wirtschaft ist auf Dauer nicht zu haben ohne eine lebendige Gesellschaft."

Warnfried Dettling, Autor und Politikberater

Unternehmen können in den Regionen dafür sorgen,

- dass die Infrastruktur (Straßen, Datennetze) Unternehmen und Familien voran bringt,
- dass sich eine vielfältige Zuliefer- und Serviceindustrie entwickelt,
- dass Geschäftskontakte mit anderen Unternehmen der Region fruchtbar werden,
- dass Familien nicht wegziehen,
- dass es gut ausgebildete Nachwuchskräfte gibt,
- dass eine höhere Akzeptanz gegenüber Menschen gelebt wird, die nicht dem gängigen Bild eines jungen, aus der Region stammenden Mitarbeiters mit kerzengeradem Lebenslauf entsprechen,
- dass das Landschaftsbild sich verbessert, weil Umweltprobleme bewältigt werden.

Damit entsteht die Technologie und das Klima der Toleranz, das die Talente anzieht, die Mittelständler heute dringender brauchen denn je. Auf diesen Zusammenhang hat Richard Florida hingewiesen, Professor für Business and Creativity an der Universität Toronto: die Formel für den Erfolg einer kreativen Wirtschaftsregion lässt sich auf drei „Ts" bringen: „Technologie, Talent und Toleranz".

„Die neue Geografie der Kreativität und ihren positiven Effekt auf die Wirtschaftsregionen können wir mit drei Schlüsselbegriffen der wirtschaftlichen Entwicklung verstehen, die ich als die drei T's bezeichne: Technologie, Talent und Toleranz."[8]

Richard Florida

WO WERTE HERKOMMEN

Wie kommen die Werte eigentlich in unser Leben? Ganz einfach: Jeder Mensch wird in eine bestimmte Wertewelt hinein geboren. In die Werte seiner Familie, seines sozialen Umfelds, seiner Region und seiner „Zunft".

FAMILIE UND VORBILDER

Die ersten und wichtigsten Vermittler unserer Werte sind unsere Eltern und Großeltern – also die eigene Familie. Im Laufe unseres Lebens kommen weitere Wertegeber dazu: Erzieher und Lehrer, Trainer und Pfadfinderleiter, „Chefs", aber auch gute Freunde und später auch Geschäftspartner, die in vielen Fällen auch zu guten Freunden werden. Wenn wir auf unser Leben zurückblicken, wissen wir zumeist sehr genau, wer uns wichtige Werte vorgelebt hat. Wer hat Sie beeindruckt? Wer hat nachhaltig Spuren in Ihrem Leben hinterlassen? Sie sehen: Wenn Sie in Ihrem Unternehmen starke Werte leben wollen, dann brauchen Sie starke Persönlichkeiten, die diese Werte vorleben – oder vorgelebt haben. Es ist kein Zufall, dass in allen in diesem Band vorgestellten Unternehmen der Firmengründer mit seinen ungewöhnlich starken Werten (häufig gepaart mit einem prägnanten Temperament) eine besonders große Rolle spielt. Und nicht nur er: Die Frau an seiner Seite zeichnete sich oft durch eine besonders klare Wertvorstellung aus, gepaart mit Verstand und großem Weitblick. Jede Art von werteorientierter Führung oder Ethikmanagement kann also nur greifen, wenn die Unternehmerfamilie und allen voran die jeweiligen Geschäftsführerinnen und Geschäftsführer mit gutem Beispiel vorangehen.

SOZIALES UMFELD

Jede Familie steht in einem bestimmten sozialen Umfeld. So kommt der eine vielleicht in einer Umgebung zur Welt, in der Disziplin und Fleiß als zentral gelten („hanseatisch", „preußisch"), der andere in einer Welt, in der unternehmerische Kreativität und Geselligkeit mehr im Vordergrund stehen („rheinisch", „bayrisch"). Seitdem wir über die Erkenntnisse der Milieuforschung verfügen, wissen wir auch, dass sich die Wertewelten innerhalb Deutschlands je nach Bildungsstand und Einkommen der Familien stark unterscheiden. Hier einige Beispiele entlang der Milieudefinition des *Heidelberger Forschungsinstitutes Sinus Sociovision:*

- **Konservativ-etabliertes Milieu:** Hier zählen Erfolg, Verantwortungsbewusstsein und Exklusivität.

- **Liberal-intellektuelles Milieu**: Die Bildungselite steht für Werte wie Freiheit und Autonomie, diese zählen mehr als materieller Besitz.

- **Milieu der Performer:** Leistung, globalökonomisches Denken, Lifestyle und hohe IT-Kompetenz zählen in diesem Milieu.

- **Expeditives Milieu:** Hier stehen Individualität, Kreativität, Mobilität, Veränderung im Vordergrund.

- **Bürgerliche Mitte:** Auf eher konservative Werte wie Sicherheit und Ordnung, aber auch Harmonie oder Partnerschaft setzt dieses Milieu.

- **Adaptiv-pragmatisches Milieu:** Die jüngeren Vertreter der mittleren sozialen Lagen sind ähnlich gestrickt, aber etwas experimentierfreudiger als die bürgerliche Mitte.

- **Sozialökologisches Milieu:** Hier zählen die Werte Nachhaltigkeit, Gerechtigkeit und soziale Vielfalt besonders stark.

Studien zeigen, dass Menschen sich im Laufe ihrer Biographie sehr wohl zwischen verschiedenen Wertewelten bewegen können: Manche steigen auf (oder ab), andere vollziehen eher eine Seitwärtsbewegung von den traditionelleren Milieus in Richtung der experimentierfreudigeren (oder umgekehrt), bleiben ihrer „sozialen Lage" dabei aber treu. Fakt ist: Die meisten Menschen bleiben ihren Wertewurzeln treu.

„Bei Vorbildern ist es unwichtig, ob es sich dabei um einen großen toten Dichter, um Mahatma Gandhi oder um Onkel Fritz aus Braunschweig handelt, wenn es nur ein Mensch ist, der im gegebenen Augenblick ohne Wimpernzucken gesagt oder getan hat, wovor wir zögern."

Erich Kästner

Das haben die Unternehmer, die wir in diesem Buch vorstellen, immer wieder betont: „Unsere Gruppe ist enorm gewachsen", sagten sie. Und unisono: „Aber wir sind bodenständig geblieben". Genau darum gelten sie bei ihren Mitarbeiterinnen und Mitarbeitern als authentisch, glaubwürdig, einfach echt.

TRADITION IM MITTELSTAND

Älter als die spezifischen Werte der gesellschaftlichen Milieus, die wir heute sehen, sind die Ehrenkodizes der Mittelständler, die wir bis ins Mittelalter zurück verfolgen können. Bis heute wirkmächtig sind vor allem der Begriff der Handwerkerehre und der des ehrbahren Kaufmanns.

HANDWERKEREHRE

Zuverlässigkeit, Vertrauen und Qualität – diese Werte stehen im Zentrum der Handwerkerehre. Dazu kommen eine Verpflichtung, junge Menschen auszubilden und eine bestimmte Haltung gegenüber dem eigenen Beruf, die sich auszeichnet durch Fleiß und Beständigkeit, durch Hingabe und Treue. In den einzelnen Gewerken haben sich selbstverständlich eigene Kodizes ausgebildet: So steht bei einem Metallbauer eher die Zuverlässigkeit der Konstruktion im Vordergrund, bei einem Schreiner die Hingabe an das Material, bei einem Friseur die Kreativität, während es bei einem Brauer oder Winzer auf feine Sinne, ein präzises Timing ankommt und Freude an Genuss und Geselligkeit.

EHRBARER KAUFMANN

Das Idealbild des ehrbaren Kaufmanns taucht bereits im 12. Jahrhundert in Kaufmannshandbüchern auf. Frühe Spuren finden sich in Italien und im norddeutschen Städtebund der Hanse. „Historisch definiert braucht der ehrbare Kaufmann im engeren Sinne neben seinem wirtschaftlichen Fachwissen einen gefestigten Charakter, der sich an Tugenden orientiert, die die Wirtschaftlichkeit fördern", definiert Heinz Dürr, ehemaliger Unternehmer und Manager (AEG, Deutsche Bahn), heute Großaktionär der Dürr AG, in einem Beitrag für die Plattform www.der-ehrbare-kaufmann.de. „Diese Tugenden sind Redlichkeit und Aufrichtigkeit, Sparsamkeit und Mäßigung, Entschlossenheit und Weitblick, Ordnung und Fleiß sowie Demut." Der ehrbare Kaufmann richte seine Geschäftstätigkeit langfristig aus und verschaffe sich nicht auf Kosten anderer Vorteile. Durch diese Tugenden stärke er seine Glaubwürdigkeit und lege eine Grundlage für das für gute Geschäftsbeziehungen unerlässliche Vertrauen. Seiner Auffassung nach ist ein Unternehmen eine „gesellschaftliche Veranstaltung". Diese „funktioniert nur, wenn auf Dauer Gewinn gemacht wird", und diese „ist nach den Regeln des ehrbahren Kaufmanns zu führen".

Er zitiert die mittelalterliche „Summa" von Luca Pacioli, dem Erfinder der doppelten Buchführung, um die Tragweite dieser inneren Haltung zu unterstreichen:

„Es gilt nichts höher als das Wort des guten Kaufmanns
und so bekräftigen sie ihre Eide, indem sie sagen:
Bei der Ehre des wahren Kaufmanns:
Per fidem bonae et fidelis mercatoris."

Luca Pacioli, „Summa" (1495)

Es ist interessant, das ausgerechnet der ehemalige Manager so großer Unternehmen wie AEG oder Deutsche Bahn sich auf die Werte des ehrbaren Kaufmanns beruft. Denn dieses Leitbild war bis vor kurzem noch in den Konzernen verpönt, weiß Annette Kleinfeld, Inhaberin der auf Ethik- und Kulturberatung spezialisierten Unternehmensberatung ***Dr. Kleinfeld Corporate Excellence Consultancy*** in Hamburg: „Jahrelang war es Mittelständlern, die am Bild des ehrbaren Kaufmanns festhielten, sogar peinlich, mit dieser Haltung an die Öffentlichkeit zu gehen."

Diese Zeiten seien nun vorbei: Das Bild des ehrbaren Kaufmanns sei nun auch den Managern von Aktienkonzernen goldene Richtschnur.[10]

RELIGION

Viele Unternehmer sind nicht zuletzt aufgrund ihres tiefen Glaubens sehr erfolgreich geworden. Das gilt zum Beispiel für die Gründerfamilie des Unternehmens Sülzle.

Was hat das eine mit dem anderen zu tun? Dieser Frage ist der deutsche Soziologe, Jurist und Ökonom Max Weber in seiner Studie „Die protestantische Ethik und der Geist des Kapitalismus" nachgegangen (1904/1905, ausgearbeitet 1920). Er stellte fest, dass die protestantische Ethik im Kern genau die Werte transportiert, die Unternehmen erfolgreich macht: Dazu zählen die Werte Sparsamkeit, Fleiß, Gewinnstreben, praktisch-rationale Organisation der Arbeit und des Lebens und ein tiefes Gefühl der Verpflichtung gegenüber dem Beruf.

In einem Beispiel stellte er junge, unverheiratete Frauen, die schwer zu rationalem Arbeiten zu erziehen seien, solchen mit pietistischer Erziehung gegenüber. Deren „Fähigkeit der Konzentration der Gedanken als die absolut zentrale Haltung: sich der Arbeit gegenüber verpflichtet zu fühlen, findet sich hier besonders oft vereint mit strenger Wirtschaftlichkeit, die mit dem Verdienst und seiner Höhe überhaupt rechnet, und mit einer nüchternen Selbstbeherrschung und Mäßigkeit, welche die Leistungsfähigkeit ungemein steigert".[11]

Warum nun eine protestantische oder pietistische Erziehung eine solche Leistungsfähigkeit auslösen kann? Wer an göttliche Belohnungen und ein glückseliges Leben im Jenseits glaubt, ist zu erheblichen Opfern bereit.

Sehen wir uns das auf einer abstrakteren Stufe an – auf der Stufe einer allgemeiner verstandenen Spiritualität, die vielen jungen Unternehmern intuitiv zugänglich ist und mit einem zunehmenden Bewusstsein für die eigene soziale und ökologische Verantwortung auch immer zugänglicher wird. Hier finden wir wie selbstverständlich auch Werte wie Vertrauen, Mitgefühl, Toleranz, Großzügigkeit, Verantwortung, Dankbarkeit und Gleichmut. (Wenn Sie sich weiter mit diesem Thema befassen wollen, empfehle ich Ihnen die Literatur von Albert Schweitzer, von André Comte-Sponville und Ken Wilber, siehe Literaturverzeichnis.)

„Es gibt viele Religionen,
aber nur eine Moral."

John Ruskin

REFLEXION

Werte übernehmen wir nicht nur aus Familie und Milieu, Zunft und Religion – wir entwickeln sie auch auf eigene Faust. Auslöser sind, wie Viktor Frankl es gezeigt hat, häufig krisenhafte Situationen, die unsere Grundfesten erschüttern. So, dass wir sie sanieren müssen – und zwar mit unseren ganz eigenen Werten. Solche „biographischen Labilisierungssituationen"[13] können sein:

- Einbruch von Wirtschaftskrisen oder Naturkatastrophen,
- Konflikte im Unternehmen oder in der Familie,
- Trennung von einem Lebenspartner oder Geschäftspartner,
- Tod eines wichtigen Menschen,
- Midlife-Crisis oder andere Sinn- und Identitätskrisen, aber auch
- existenzielle Fremdheitserfahrungen.

So hat die Wertekommission in ihrer Führungskräftebefragung 2010 festgestellt, dass die Führungskräfte ihr Wertekorsett nach der jüngsten Wirtschaftskrise qualitativ zwar wenig verändert haben, aber mit mehr Durchschlagskraft dahinter stehen. „Neu ist: Die Entschlossenheit, die eigenen Werte im Zweifelsfall auch gegenüber der betriebswirtschaftlichen Logik durchzusetzen, hat zugenommen. Der Wertebezug ist konkreter geworden, das eigene Engagement wird stärker vor allem auf soziale Ziele ausgerichtet."[14] Immer mehr Unternehmer nutzen übrigens auch die Möglichkeit, ihre Fach- und Führungskräfte gezielt zu „labilisieren", indem sie sie in nationalen und internationalen Sozialprojekten mitarbeiten lassen. Auf diese Weise öffnet sich die Perspektive und es entsteht ein tiefes Verständnis dafür, wie groß die eigene Verantwortung für das Schicksal anderer Menschen ist und wie unglaublich komplex Wirtschaft und Gesellschaft weltweit miteinander verquickt sind.

„Der Sinn fällt nicht vom Himmel, er wird auch nicht von einer Religion gestiftet, sondern ich selbst stifte Sinn, indem ich mir mein Tun wichtig mache."[12]

Reinhold Messner

WARUM WERTE MEHRWERT BRINGEN

Nun kommen wir zu der Frage, die Sie als Unternehmer vielleicht am meisten umtreibt. Ist Gewinnorientierung eigentlich moralisch? Und zahlt es sich aus, wenn ich mir die Mühe mache, mein Unternehmen werteorientiert zu führen?

VORAB: PROFIT IST NICHT UNETHISCH

„In Deutschland gilt die Verbindung von Ethik und Wirtschaft immer noch als Nullsummenspiel – alles, was die Wirtschaft gewinnt, geht zu Lasten der Ethik, und alles, was die Ethik gewinnt, geht zu Lasten der Wirtschaft", konstatiert Josef Wieland, Professor an der ***Hochschule für Technik, Wirtschaft und Gestaltung*** in Konstanz und Direktor des ***Konstanz Institut für Wertemanagement.***[15]

Doch diese Vorannahme ist falsch. Profit ist nicht per se unethisch – und es gibt auch keine Ethik, die das in den vergangenen zweitausend Jahren behauptet hätte. Im Gegenteil, erklärt Ulf D. Posé, Präsident des ***Ethikverbandes der Deutschen Wirtschaft e.V.***: „Aus dem Unternehmertum, dem Gewinnstreben folgt selbst eine ethische Vorgabe, nämlich die Welt bewusst zu gestalten und nicht der blinden Notwendigkeit, der Willkür und dem Zufall zu überlassen." Unternehmerisches Handeln müsse die Welt formen als einen Ort, an dem Menschen – die Träger des unternehmerischen Handelns – auch leben wollten. Profit und Ethik seien kein Widerspruch.

Posé geht noch weiter: Ohne Profit sei keine Ethik möglich, und ohne Ethik kein Profit. Denn nur ein gesundes Unternehmen kann seine wirtschaftlichen Ziele mit anderen Zielen verbinden, die außerhalb der reinen Ökonomie angesiedelt sind. Und nur ein Unternehmen, das jenseits der ökonomischen Ziele auch soziale, ökologische oder kulturelle Ziele verwirklichen will, wirkt anziehend auf motivierte und kompetente Mitarbeiter und auf kaufkräftige Kundschaft. Posé: „Ein Unternehmen, das Profit und Ethik nebeneinander und nicht gegeneinander stellt, hat etwas Wichtiges verstanden."[16]

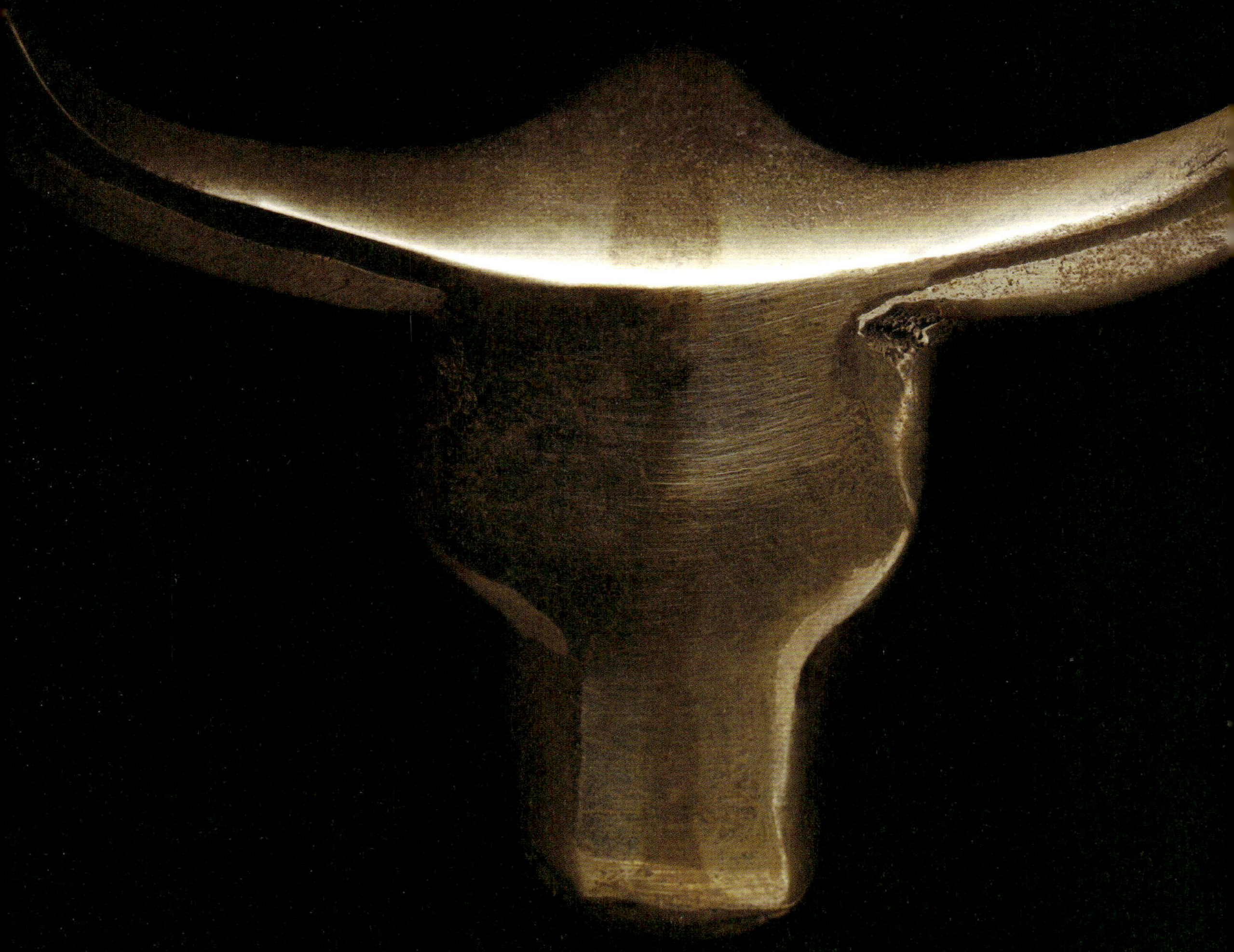

„Profit und Ethik sind kein Widerspruch.“

Ulf D. Posé

„Dass Geschäfte gemacht werden, um Geld zu verdienen, scheint vielen ein so selbstverständlicher Satz, dass er nicht erst ausgesprochen zu werden braucht. Dennoch habe ich noch niemals einen wahrhaft großen Geschäftsmann und Unternehmer gesehen, dem das Verdienen die Hauptaufgabe seines Berufes war, und ich möchte behaupten, dass wer am persönlichen Geldgewinn hängt, ein großer Geschäftsmann überhaupt nicht sein kann."

Walther Rathenau, „Vom Ziel der Geschäfte" (1916)

»Gewinne sind die Kosten des Überlebens.«

Peter Drucker

DIE PARADOXIE DES ERFOLGS

Mit dem Erfolg eines Unternehmens ist es ein wenig so wie mit dem Erfolg in der Liebe oder in der Kunst: Wer ihn herbeizwingen möchte, vertreibt ihn zuverlässig.

Der wirtschaftliche Erfolg stellt sich eher zufällig und als Nebenprodukt ein, wenn Unternehmer ihre gesamte Energie und Begeisterung dafür einsetzen, ihre Geschäftsidee Wirklichkeit werden zu lassen. Wenn Sie sich also nicht von einer Gier nach Gewinn treiben, sondern von der Begeisterung für ihre Werte und ihre Vision anziehen lassen.

Dr. Anna Meyer, geschäftsführende Gesellschafterin der ***Anna Meyer Unternehmer-Beratung GmbH*** in Düsseldorf, und Dirk Oldenburg, Geschäftsführer der Firma

Paulmann Licht GmbH in Völksen, beschreiben dieses Phänomen in ihrem Beitrag „Macht – Wert – Sinn?" (OrganisationsEntwicklung 4/2008) als einen „paradoxen Effekt". Sie ermutigen Unternehmer, genau darauf zu vertrauen. „Denn zum Selbstverständnis des unternehmerischen Denkens und Handelns gehört, **Grundwerte nicht als Marketinginstrument zur Profitsteigerung zu instrumentalisieren.**"[17]

„Während ich von Trieben getrieben werde, werde ich von Werten gezogen."

Viktor E. Frankl

Genau deshalb funktioniert in einer werteorientierten Führung auch kein So-tun-als-ob: Engagement für Menschen, für Tiere oder die Umwelt muss echt und ehrlich gelebt werden, es muss sich niederschlagen in greifbaren, qualitativ hochwertigen Arbeitsergebnissen. Hier müssen Werte zu sehen sein, und nicht – vor allem nicht nur! – in wohltemperierten Verlautbarungen auf durchgestylten Webseiten. Weder Mitarbeiter noch Kunden lassen sich heute noch etwas vormachen: Sozialkitsch-Rhetorik und „Greenwashing" werden heute schnell und gnadenlos abgestraft: Virtuell im Social Web und ganz real mit Kündigung und Boykott.[18]

SINN MACHT MARKEN ATTRAKTIV

Der umgekehrte Effekt wiederum bringt Unternehmen großen Nutzen: „Eine zunehmende Zahl von Kunden belohnt gesellschaftliches Engagement, indem sie häufiger zu solchen Produkten greift, die einen sozialen Zusatznutzen besitzen – auch wenn sie teurer sind",[19] weiß Professor Dr. Stefan Schaltegger. Der Wirtschaftswissenschaftler von der Leuphana Universität in Lüneburg leitet den ***MBA-Studiengang Sustainability Management*** (zu Deutsch Nachhaltigkeitsmanagement), sowie das zugehörige Forschungszentrum. Die Palette der Beispiele ist breit: sie reicht von der fair hergestellten Vollmilch deutscher Bauernhöfe und Holzspielzeug aus hiesigen Behindertenwerkstätten bis zu T-Shirts und Recyclingtaschen aus Sozialprojekten in Afrika oder Südamerika.

EINE GUTE UNTERNEHMENSKULTUR BRINGT GEWINN

Eine klare Werteorientierung bringt Unternehmen auch Vorteile im Wettbewerb um die besten Fach- und Führungskräfte. Professor Dr. Stefan Schaltegger: „Es gibt immer mehr Hinweise darauf, dass die höher und höchst Qualifizierten ihren Arbeitgeber auch danach auswählen, welches Renommee ein Unternehmen in sozialer Hinsicht hat."[20] Dass eine Werte- und Unternehmenskultur ein wichtiger Faktor für den Erfolg von Unternehmen ist, haben auch die ***Institute Deep White*** und das ***MCM Institut der Universität St. Gallen*** bei einer Befragung von 2.134 Mitarbeitern in 33 Unternehmen festgestellt. Sie kommen zu dem Ergebnis, dass ein Viertel des Geschäftserfolgs von Unternehmen mit der gelebten Wertekultur am Arbeitsplatz erklärt werden kann.[21] Außerdem fanden sie folgende Erfolgsfaktoren:

- Der hohe persönliche Einsatz aus Pflichtgefühl ist weniger Erfolg versprechend als der Einsatz aus eigener Motivation und die Selbstverwirklichung in der Arbeit.
- Zu viel Routine, Führung mit Angst oder eine schlechte Streitkultur haben aber einen nachweisbar negativen Einfluss auf die Leistungsfähigkeit der Mitarbeiter und damit auf den Geschäftserfolg.
- Erfolgreicher sind Unternehmenskulturen, die den Mitarbeitern eine klare Vision des Unternehmens vermitteln, gleichzeitig aber mit ausgeprägter Bodenständigkeit und Tradition arbeiten.
- Wenn die Führung den Mitarbeitern bei aller Leistungsorientierung keine Überschreitung der persönlichen Grenzen abverlangt, macht sie das Unternehmen erfolgreicher als die Konkurrenz.
- Leistungsanerkennung durch finanzielle Honorierung ist zu einseitig und hat eine nur kurze Motivationswirkung.
- Die Übertragung von zu viel Verantwortung auf den Einzelnen erweist sich als regelrechter „Erfolgs-Killer", ebenso wie ausgeprägte Routine oder auch feste, hierarchische Strukturen.

Ehrlich gesagt: Um auf diese Ergebnisse zu kommen, hätten wir nicht mit 2.000 Mitarbeitern sprechen müssen. Viele Mittelständler – und alle in diesem Buch vorgestellten Unternehmen – wissen instinktiv, wie eine Unternehmenskultur aussehen muss, die Mitarbeiter begeistert und über Jahre und Jahrzehnte motiviert im Unternehmen arbeiten lässt.

Und noch etwas: Das Ergebnis von MCM und Deep White klingt zwar sehr griffig – was aber bedeutet es konkret für Sie? Könnte es in Ihrem Unternehmen nicht genauso gut sein, dass Sie viel mehr als „ein Viertel" Ihres Erfolgs Ihrer Unternehmenskultur verdanken?

Fakt ist: Wir bewegen uns in sehr komplexen Zusammenhängen, in denen es keine mechanischen Ursache-Wirkungs-Effekte gibt. Deshalb lässt sich der Effekt einer werteorientierten Führung zumeist nicht exakt beziffern – vor allem lässt er sich nicht im Voraus klar berechnen.

Im Hinblick auf das soziale Engagement vieler Unternehmen erklärt daher Frank W. Heuberger, Forschungsdirektor des ***Centrums für Corporate Citizenship Deutschland,*** diese seien eine Investition in die „Möglichkeit wirtschaftlichen Erfolgs", aber:

> *„Rein strategische Stakeholderbeziehungen sind nicht moralisch und moralisch fundierte Stakeholderbeziehungen nicht a priori instrumentell nutzbar, sondern zukunftsoffen."*[22]

MEHR WERTE – WENIGER KOSTEN

Eine starke, von Werten getragene Unternehmenskultur sorgt nicht nur für mehr Gewinn, sondern auch für weniger Kosten. Diese Kosteneinsparungen können direkte Auswirkungen von Energieeffizienz- und Klimaschutzprogrammen sein (weniger Kosten für Wasser, Strom, Papier, Reisen). Sie können aber auch indirekte Effekte sein.

„Wertorientiert führen heißt, eine wichtige Chance für die nachhaltige Motivation der Mitarbeiter und die Begeisterung der Kunden zu nutzen."

Cay von Fournier

„Eine stark von Werten getragene Unternehmenskultur bringt den Gewinn des Unternehmens und die Motivation der Mitarbeiter in Einklang.“

Cay von Fournier

Etliche Studien weisen nach, dass der **Faktor Vertrauen** im Unternehmen

- Transaktionskosten senkt,
- Kontrollkosten senkt,
- Produktivität und Profitabilität steigert,
- Kooperationen erfolgreicher macht,
- den Aufbau weiterer Netzwerkbeziehungen fördert,
- eine schnellere und kostengünstigere Realisierung von Innovationen ermöglicht,
- den Ressourcen-Austausch zwischen Organisationseinheiten,
- den Transfer von Know-how und
- die konstruktive Regelung von Konflikten fördert.[23]

Im Grunde wissen wir das alle aus unserer Alltagserfahrung. Arbeiten wir auf einem stabilen Vertrauensverhältnis, dann reden alle Beteiligten Klartext, dann werden Fehler schnell offen gelegt und beseitigt, dann wird viel miteinander gesprochen und wenig geschrieben. Sie kennen sicher den unerträglichen Zustand, dass jeder noch so kleine Vorgang in ausführlichem E-Mail-Verkehr dokumentiert und in Kopie an 35 weitere Akteure geschickt wird, darunter natürlich alle Geschäftsführer, weil sich alle „absichern" wollen. Dann wird viel gearbeitet und wenig um Vertragsdetails gefeilscht. Dann wird schnell gehandelt – immer mit dem gemeinsamen Blick auf das Ziel, und nicht mit dem Blick auf mögliche „Schuldige".

Es kommen also weniger Konflikte auf, nicht zuletzt auch deshalb, weil jeder weiß, wie Fehlverhalten beim Gegenüber ankommt und mit welchen Konsequenzen er rechnen muss. „Insofern fördern gemeinsam geteilte Werte bei Mitarbeitern auch eine persönliche Disziplin, die diese unabhängig von der direkten disziplinarischen Führung durch einen Vorgesetzten beibehalten und praktizieren", bestätigen Meyer/Oldenburg in ihrem Beitrag *„Macht – Wert – Sinn."*[24]

Neben einem Weniger an Kosten bringt eine werteorientierte Führung ein Mehr an Innovation, an Motivation und Kontinuität.

DIFFERENZIERUNG DURCH INNOVATION

Pflegt ein Unternehmen die eigene „Sinnquelle" – also ein starkes Gefühl dafür, wie und wofür gearbeitet werden soll – dann können aus dieser Quelle immer neue Ideen sprudeln. Ideen für neue Services und Produkte, die Kunden und Märkten neue Impulse geben können: So entwickelte Brother zum Beispiel besonders kleine und einfache Geräte, die exakt den Kundenbedürfnissen entsprachen, während Mitbewerber sich ein Wettrennen um ein immer komplexeres Innenleben der Geräte lieferten. Und die Brauerei Schneider überrascht ihre Kunden immer wieder mit einem „Sondersud" – in jüngster Zeit mit „Mein Nelson Sauvin".

Innovative Ansätze können auch entstehen, wenn Unternehmen im Rahmen ihrer Sozialprojekte mit Schulen oder Vereinen neue Formen der Projektarbeit oder neue Lernformen ausprobieren, um diese im zweiten Schritt dann in ihren Unternehmen einzuführen.[25]

LEISTUNGSKULTUR UND MOTIVATION

Wann kommen Ihre Mitarbeiter morgens froh und motiviert zur Arbeit? Wenn sie wissen, dass sie Steine von Punkt A nach Punkt B tragen sollen, weil der Vorarbeiter sich das in den Kopf gesetzt hat? Oder wenn sie wissen, dass sie einen entscheidenden Beitrag zum Bau eines avantgardistischen Gebäudes leisten, das in die Geschichte eingehen wird?

Hohe Leistungsmotivation entsteht quasi von allein, wenn Mitarbeiter einen Sinn in dem sehen, was sie tun. Denken Sie nur an die vielen Unternehmer und Freiberufler, die in der Woche wesentlich länger arbeiten als 37,5 Stunden, und die sich nach 22 Uhr immer noch begeistert an den Schreibtisch setzen, um weiter zu arbeiten. Denken Sie auch an die vielen Menschen in helfenden Berufen, die sich extrem engagieren, ohne ein wirklich hohes Gehalt für ihren Einsatz zu beziehen. Hier stimmen die Werte der Arbeit mit ihren persönlichen Werten überein. Wertschöpfung verbindet sich mit Sinnschöpfung. Es ist zu kurz gegriffen und überdies respektlos, einen solchen Einsatz als Auswuchs eines „Helfersyndroms" abzukanzeln.

Wenn die persönliche Sinnschöpfung noch mit Wertschätzung durch den Arbeitgeber unterstrichen wird, wachsen viele Mitarbeiterinnen und Mitarbeiter weit über sich hinaus. Und so kann ich es nur ausdrücklich begrüßen, wenn zum Beispiel Frisörmeister Bachmann, der Preisträger „UnternehmerEnergie 2011", mit seinem kompletten Team zur Preisverleihung nach Bayreuth anreist und auf der Bühne nicht nur die Menschen an sich zeigt, sondern sie auch eine Kostprobe ihrer Handwerkskunst zeigen lässt.

> *„Die Kombination von Wertschöpfung und Wertschätzung ist das Geheimnis der leistungsfähigsten Organisationen."*
>
> *Prof. Ulrich Hemel*

KONTINUITÄT

Unternehmen mit einer starken Wertekultur können eine besonders lange Lebensdauer haben. Die Werte wirken dann wie das Staffelholz, das von Generation zu Generation weiter gegeben und getragen wird. Bei großen, alten Unternehmen kann dieses Staffelholz aber auch zu einer Last werden. Eine Last, die man zwar weiter mitschleppt, die aber mehr hindert als antreibt.

Deshalb ist es wichtig, dass sich Unternehmer und Unternehmen über ihre Werte klar sind, dass sie sich aber auch immer wieder neu darüber verständigen. Es geht zumeist ja gar nicht darum, die „alten Werte" auf den „Müllhaufen der Geschichte" zu werfen. Es geht darum, sie immer wieder neu zu interpretieren und sie zum Ursprung neuen Lebens werden zu lassen.

Warum ist das eigentlich so schwer? Warum ist es so schwer, Ökonomie und Ethik in Balance zu bringen? Warum verdrängen wir moralische Fragen? Warum fehlt uns so oft der Mut, eigene Wege zu gehen ? Warum gehen manche CSR-Projekte „nach hinten los"? Dazu mehr im nächsten Kapitel.

WARUM ES SO SCHWER IST, WERTE ZU LEBEN

Ein Unternehmen werteorientiert zu führen, ist sehr schwer. Auf der persönlichen Ebene ist es schwer, weil es bedeutet, jeden Tag aufs Neue mit den eigenen Abgründen umzugehen. (Ja, es mag wohl Unternehmer geben, die niemals cholerisch, ungeduldig, überstürzt, unpünktlich oder auf irgendeine Art neurotisch handeln – ich habe aber noch keinen getroffen.)

Es bedeutet auch, sich jeden Tag moralisch „richtig" und „vernünftig" in den zahlreichen Spannungsfeldern zu verorten, in die uns unsere Jobs werfen:

- Risiko oder Sicherheit?
- Vertrauen oder Kontrolle?
- Innovation oder Tradition?
- Disziplin oder Genuss?
- Idealismus oder Gewinn?

ETHIK UND ÖKONOMIE BRAUCHEN BALANCE

Eine wirklich werteorientierte Führung ist nur möglich, wenn sich Unternehmer und Führungskräfte immer wieder bewusst machen, wie die Spannungsfelder aussehen, in denen sie sich bewegen. Auflösen lassen sie sich nicht! Aber heute mag es sinnvoll sein, eher in die eine Richtung zu entscheiden, morgen kann es wieder anders aussehen.

Natürlich wäre es einfacher, wenn wir alles nach Schema F entscheiden könnten. Unser Leben ist aber naturgemäß nicht einfach, sondern eine Herausforderung. Jeden Tag. Es bleibt uns nichts anderes übrig, als diese Herausforderung anzunehmen und unserer Verantwortung immer wieder neu gerecht zu werden.

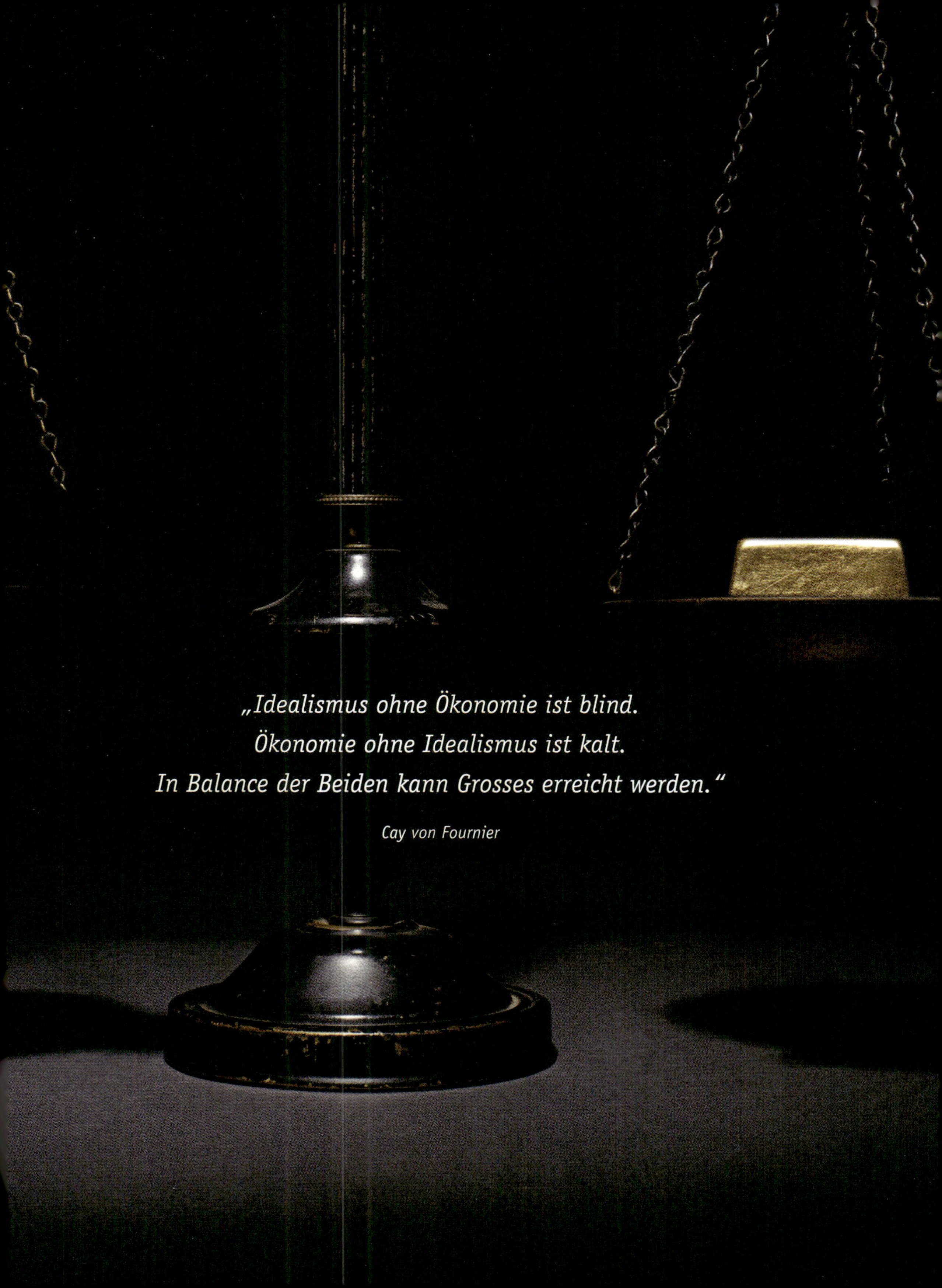

„Idealismus ohne Ökonomie ist blind.
Ökonomie ohne Idealismus ist kalt.
In Balance der Beiden kann Grosses erreicht werden."

Cay von Fournier

„Wertvorstellungen halten
ein ganzes Unternehmen zusammen.
Wir müssen behutsam mit ihnen umgehen,
um das Ganze nicht zu gefährden.“

Cay von Fournier

Das Spannungsfeld zwischen Idealismus und Gewinnstreben können wir uns zum Beispiel so vorstellen:

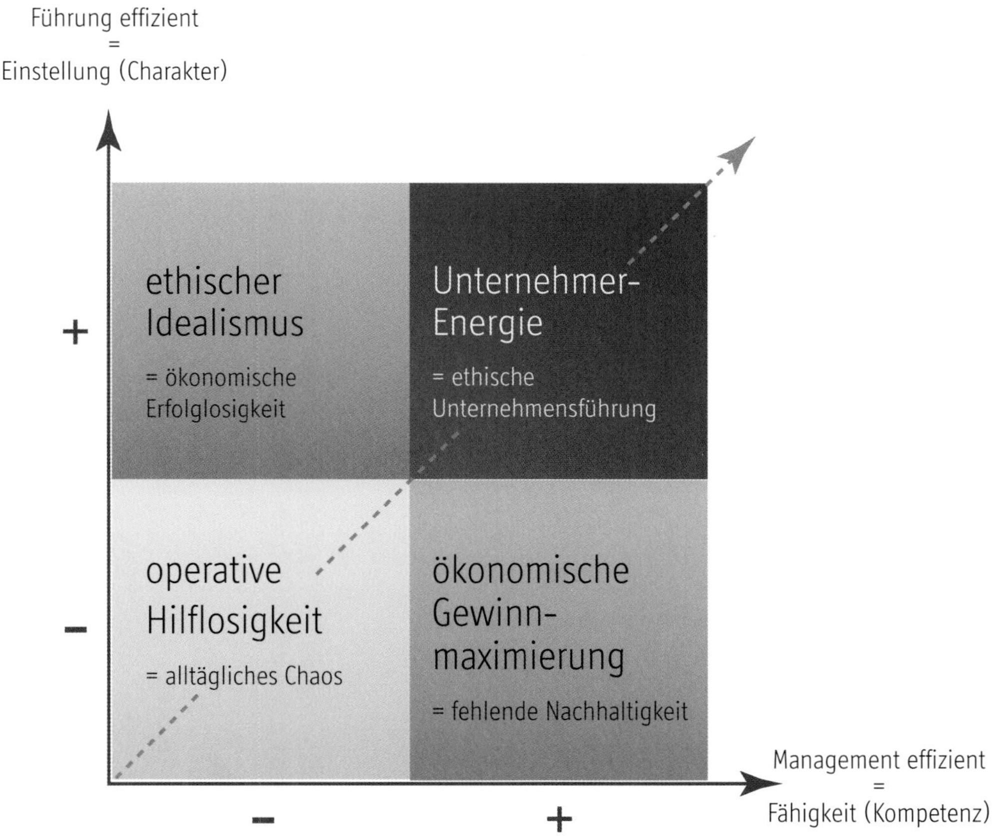

Einerseits kann das Unternehmen komplett scheitern, wenn nur im Sinne des eigenen ethischen Idealismus gehandelt wird. Ein Unternehmen kann noch so „gut gemeint" sein – wenn es keinen Gewinn abwirft, war es eben nicht „gut gemacht" und muss schließen.

Auf der anderen Seite kann auch ein Unternehmen nicht bestehen, das sich ausschließlich darauf konzentriert, Gewinne zu maximieren und dafür Menschen, Tiere und die Umwelt ausbeutet. Kunden strafen ein solches Verhalten mit Boykott und mit entsprechenden Kommentaren im Social Web, Mitarbeiter kündigen, Geschäftspartner brechen den Kontakt ab, die Medien machen „schlechte Presse" (dies alles oftmals leider nicht konsequent genug). Zu produktiver UnternehmerEnergie kommen Unternehmen, wenn sie die Tugend des effektiven Wirtschaftens mit der Tugend des guten Wirtschaftens verbinden:

> *„Das sinnvolle Unternehmen ist getragen von einer ethischen Idee, die rational gesteuert wird. Diese unternehmerische Rationalität wird beseelt vom guten Sinn des Gesamtkonzepts."*
>
> *Cay von Fournier*

OFT WIRD DIE MORAL VERDRÄNGT

Es ist nicht nur moralisch, sondern auch rational eine große Herausforderung, sich jeden Tag souverän in diesem dialektischen Spannungsfeld zu bewegen. Und das, während das Unternehmen mit einer zunehmend stärkeren operativen Hektik auf jede Fach- und Führungskraft – ja: eintrommelt. Es vergeht kaum eine Minute ohne ein neues Telefongespräch, ohne neue E-Mails, ohne neue Stapel von Entscheidungsvorlagen auf dem Schreibtisch. Wo bleibt da die Muße zur Moral? Oft fehlt sie Fach- und Führungskräften so sehr, dass sie die Werte des Unternehmens zusammen mit ihren persönlichen Werten komplett zur Seite schieben. Und zwar durch

- **Verdrängung/Verleugnung/Verneinung:** Wertkonflikte werden ausgeblendet. Sie können sich allerdings durch psychische oder körperliche Beschwerden zurückmelden.

- **Regression:** Für Wertkonflikte fühlt man sich selbst nicht zuständig, sondern schiebt sie dem (väterlichen) Vorgesetzten zu, der sich sicherlich darum kümmern – oder im Zweifelsfall den Kopf hinhalten wird. Dieses Versteckspiel in den Strukturen funktioniert besonders gut in großen Konzernen.

- **Rationalisierung:** Hier werden Argumente gebracht wie „Ich bin nur ein Zahnrad im Getriebe – ich kann als einzelner nichts machen." Oder: „Ohne Bestechung läuft im Export gar nichts." Oder: „Wenn wir das nicht mitmachen, gefährden wir Arbeitsplätze."

- **Vermeidung:** Man schaut nicht so genau hin, ob und wie Menschen, Tiere und Umwelt geschädigt werden. Vor allem nicht bei internationalen Großaufträgen.

OFT FEHLT DER MUT, EIGENE WEGE ZU GEHEN

Was hilft aber, wenn wir im Beruf in einem moralischen Dilemma stehen? Was gibt uns die Kraft, uns nicht einfach hinter einer Ausrede wie „Das macht doch jeder so!" zu verstecken? Oder hinter dem Auftrag einer Autorität („Ich finde das auch nicht gut, aber ich soll das so machen.")? Der Autor, Berater und Seelsorger Prof. Rupert Lay macht in seinem Buch „Die Macht der Moral" die primären Tugenden stark. Dazu zählt er

- **„die Zivilcourage, die sich gegen allgemeine Vorurteile** stellt und nicht schon deshalb ein Handeln für moralisch-gut hält, weil es von den meisten Menschen für gut gehalten wird,

- **den Mut zum Ungehorsam** gegen Gebote und Verbote der exogenen und endogenen Moral, wenn sie dem sittlichen Gewissensurteil nicht entsprechen,

- **den Mut,** andere Menschen mit von der Allgemeinheit abweichenden Verhaltensmustern und Werteinstellungen, insofern diese nicht offensichtlich sozialschädlich sind, zu akzeptieren und für deren Recht, anders zu sein, mit allen zur Verfügung stehenden Mitteln einzutreten."[26]

Es mag sein, dass wir uns kurzfristig blaue Flecken einhandeln, wenn wir uns so verhalten. Doch auf lange Sicht ist es wahrscheinlich, dass wir Kunden gerade deshalb zurück gewinnen, weil wir Rückgrat gezeigt haben. Und dass wir uns am Markt

„Wer A sagt, der muss nicht B sagen.
Er kann auch erkennen, dass A falsch war."

Bertolt Brecht

behaupten, weil wir ungewöhnliche Talente halten und Toleranz leben – und damit der Kreativität einen wunderbaren Nährboden geben.

AKTIONISMUS IST KONTRAPRODUKTIV

Ich bin überzeugt: Werte müssen in Ihrem Kerngeschäft gelebt werden. Es reicht überhaupt nicht aus, diese in soziale Projekte auszulagern, und sei das noch so gut gemeint. „Etliche CSR-Maßnahmen verpuffen wirkungslos, einige gehen sogar nach hinten los“, sagt Dr. Norbert Taubken, Leiter von *Scholz & Friends Reputation* in Berlin, eine der ersten CSR-Beratungsfirmen in Deutschland.[27]

Wenn ein Unternehmen sich sozial engagieren will, dann muss das Engagement zu den eigenen Aufgaben und zu den Kunden passen – und zwar was das Thema und die Größe des Projekts angeht. Es ist gut, wenn ein regionaler Stahlunternehmer einen regionalen Fußballverein unterstützt, wie im Falle der SSK-Unternehmensgruppe. Oder eine regionale Bank ein regionales Musikfestival, wie im Falle der Volksbank Mittweida. Das passt.

Und es passt nicht, wenn eine Brauerei (die wir hier nicht nennen wollen) sich einerseits offiziell für die Erhaltung des Regenwaldes einsetzt, zugleich aber als Werbepartner für Autorennen auftritt. Eine solche Strategie wird heute als „Greenwashing“ bezeichnet: Die Unternehmen spülen alle Informationen so lange durch, bis ein Image ökologischer Verantwortung erscheint – ein Bild ohne Substanz.

ES KOMMT IMMER DARAUF AN

Die Arbeit an und mit den Werten ist herausfordernd – und sie ist nie zu Ende. Denn alle moralischen Entscheidungen sind solche unter Ungewissheit. Wir können nicht wissen, welchen Effekt sie erzielen. „Somit gibt es auch kein moralisches Gebot, das unter allen Umständen gilt“,[28] erklärt Rupert Lay. Es gibt einfach kein universelles „Richtig“ oder „Falsch“, so schön und einfach das auch wäre. Jede Person und jede

Situation ist anders und ist komplex verwoben mit vielen anderen Personen und Situationen. Deshalb bleibt uns nichts anderes übrig, als jedes Mal wieder abzuwägen. Nach bestem Wissen und Gewissen.

Wir tun auch gut daran, solche Fragen nicht allein mit uns selbst, sondern gemeinsam mit Mitarbeiterinnen und Mitarbeitern zu diskutieren. So entwickelt sich jeder selbst weiter, aber auch das Unternehmen insgesamt. Der Effekt dieser Anstrengung lässt sich nicht sicher beziffern. Sicher sagen lässt sich aber, dass Sie so zu durchdachteren Ergebnissen kommen, und dass Sie in vielen Situationen Handlungsoptionen entdecken, die Ihnen allein nicht in den Sinn gekommen wären.[29]

UND ES BRAUCHT GEDULD

„Die Frustration darüber, dass nicht per Knopfdruck einfach eine neue Software in unsere Köpfe eingespielt werden kann und wir den Nippel nachhaltiger Unternehmensentwicklung nicht durch die Lasche der komplexen Marktverhältnisse kriegen, sollte aber nicht dazu führen, sich mit Routinen der Vergangenheit zufrieden zu geben", bringt der Hamburger Coach Dr. Torsten Meiffert sehr schön das auf den Punkt, was auch als Umsetzungslücke bekannt ist. Niemand ändert sich von heute auf morgen. Besser zu werden ist immer eine mühsame Angelegenheit. Es bleibt uns nichts anderes übrig, als genau das jeden Tag geduldig aufs Neue zu versuchen: Besser zu werden.[30]

„Neue Denk- und Verhaltensmuster entwickeln sich nur parallel mit einer wachen Aufmerksamkeit für komplexe Zusammenhänge und dazu braucht es eine Ressource, die vielleicht ebenso knapp wie Sinn geworden ist, nämlich Geduld."

Torsten Meiffert

„Jedes Werden in der Natur, im Menschen, in der Liebe muss abwarten, geduldig sein, bis seine Zeit zum Blühen kommt."

Dietrich Bonhoeffer

WER WERTE INS SPIEL BRINGEN KANN

Woher nehmen Unternehmen die Werte, mit denen sie mehr Wert schaffen können? Es gibt verschiedene Wege zu den Werten. Viele sind steinig. Doch eine gute Nachricht vorweg: Sie haben sie schon, die Werte. Sonst gäbe es Sie heute gar nicht mehr.

UNTERNEHMER

Wenn Sie an Ihr Unternehmen denken – welcher Werteträger kommt Ihnen zuerst in den Sinn? Wahrscheinlich sind es der Unternehmensgründer und seine Frau, vielleicht sind es auch mehrere Generationen von Unternehmensleitern. Sie sind es, die für bestimmte Primärtugenden stehen wie Mut oder Weisheit. Sie sind es, die Mitarbeiter mitreißen und motivieren, ihre Ideen umzusetzen. Das mag an ihrem Charisma liegen, an ihrer Leidenschaft.

Von der Ebene der Mitarbeiter aus betrachtet liegt es daran, dass wir uns tendenziell an Menschen orientieren, zu denen wir aufschauen können und die wir bewundern. Dieser Effekt ist bekannt als „Lernen am Modell".

PERSONALER

Oftmals unterschätzt ist der Einfluss der Personalabteilung, wenn es um die Stärkung von Unternehmenswerten geht. Ethische Kriterien lassen sich an vielen zentralen Stellen einflechten:

- Auswahl von Bewerbern,
- Gestaltung von Vorstellungsgesprächen,
- Gestaltung von Assessment-Centern,
- Voraussetzung für Beförderungen,

- Bewertungen von Mitarbeitern,
- Personalentwicklung,
- Zielgespräche,
- Bonus-Systeme.

Auf diese Weise sorgen Sie dafür, dass neues Personal so ausgewählt wird, dass es auf der Werteebene passt. Fachlich schulen können Sie im Grunde jeden, der genug Menschenverstand und Begeisterung mitbringt. Der umgekehrte Weg funktioniert weniger gut: Sie können einen Bewerber mit hoher Fachkompetenz nicht in ein völlig anderes Wertekorsett schnüren. Er wird niemals zu Ihnen passen.

Wenn Sie Bewertungen, Beförderungen und Bonuszahlungen an bestimmte Verhaltensmuster knüpfen, setzen Sie in Ihrem Unternehmen ein eindeutiges Zeichen: Werteorientierung wird belohnt, mangelnde Werteorientierung wird sanktioniert. Doch hier brauchen Sie ein sehr gutes Fingerspitzengefühl. Genauso wenig, wie Sie in jeder Situation eindeutig „richtig" oder „falsch", „gut" oder „schlecht" definieren können, so wenig können Sie einen Mitarbeiter in seinem ganzen Menschsein mit dem Etikett „gut" oder gar „böse" versehen.

PERSÖNLICHKEITEN

Von Vortragsveranstaltungen, zum Beispiel von den CollegTagen des SchmidtCollegs, wissen wir: Es sind die Persönlichkeiten mit den schwierigen Lebenswegen, mit vielen krisenhaften Erfahrungen und umso stärkeren Wertvorstellungen, die das Publikum am nachhaltigsten beeindrucken.

Es sind die gelebten Werte, die viel stärker wirken als die intellektuell ausgefeilten Modelle. Das ist der Grund, warum immer mehr Unternehmen auf die Idee kommen, Persönlichkeiten in ihr Unternehmen einzuladen: Fußballtrainer, Extrem-Bergsteiger, Äbte, Pater oder Nonnen, Kriminalisten, Philosophen – um nur einige Möglichkeiten zu nennen. Sie können wichtige Impulse geben. Sie können die Reflexion über Werte bei jedem Einzelnen und im gesamten Unternehmen wirkungsvoll anstoßen.

COACHES

Genau solche Persönlichkeiten eignen sich auch für individuelle Wertecoachings einzelner Fach- und Führungskräfte. Hier sind Diskussionspartner gefragt, die nicht mit einfachen „Tools" anrücken, um innerhalb von Minuten „lösungsorientiert" sehr einfache Lösungen auf Flipcharts zu zeichnen. Es braucht einfühlsame, intelligente Menschen, die die komplexen Bedingungen von Wertekonflikten verstehen und dabei helfen, die im Hintergrund wirkenden Spannungsfelder in den Blick zu nehmen – statt sie simpel aufzulösen.

CONTROLLER

Jedes Unternehmen, und sei es auch noch so klein, kann seine eigene Werteorientierung mit Hilfe des Controllings messen und verbessern. Dazu braucht es nicht komplizierte ISO-Systeme (obwohl auch sie am Markt vorhanden sind, zum Beispiel ISO 140, Spezifikation Umweltmanagementsystem mit Anleitung und Anwendung oder ISO 14031, Leistungsbewertung und Leitlinien des Umweltmanagements). Weniger aufwändig ist die Nutzung einer Balanced Scorecard (BSC). Dazu gibt es bereits ausgearbeitete Ansätze.[31]

Grundsätzlich sollte sich aber jedes Unternehmen selbst überlegen, wie es seine ethischen Verhaltensweisen messen möchte – und ob es das überhaupt tun möchte.

Denn wie die Werte selbst immer in Spannungsfeldern angesiedelt sind, so gilt dies auch für die Fakten, mit denen Ethik gemessen werden soll. So sagen die Preise eines Lieferanten per se nichts darüber aus, ob dieser werteorientiert wirtschaftet oder nicht. Die Energiekosten sagen per se ebenso wenig etwas darüber aus, ob ein Energiekonzept nachhaltig ist oder nicht. Und eine hohe Mitarbeiterfluktuation muss in Umbruchzeiten auch nicht per se schlecht sein. Sie kann auch ein Zeichen dafür sein, dass gerade jetzt neue Mitarbeiter an Bord kommen müssen, die um die Unternehmenswerte engagierter ringen, die sie überzeugter leben und die mehr an den Wert der Werte glauben als die Mitarbeitergeneration vor ihnen.

Also Vorsicht: Wer Werte „herunter brechen" will, um sie messbar zu machen, muss gut aufpassen, dass er sie dabei nicht zerbricht. Wie hieß es so treffend: Werte sind nicht a priori instrumentell nutzbar, sondern zukunftsoffen.

SEMINARE UND SYSTEME

SchmidtColleg und das Führungssystem UnternehmerEnergie prägen seit mehr als 25 Jahren den Mittelstand im deutschsprachigen Raum. Die Themen „Unternehmensethik" und „Werte" waren von Anfang an zentrale Inhalte des Seminars UnternehmerEnergie. Nicht zuletzt deshalb wurde SchmidtColleg mit dem DEKRA Award Ehrenpreis ausgezeichnet.

MITTELSTÄNDISCHE UNTERNEHMEN

Das Beispiel anderer mittelständischer Unternehmen aus dem SchmidtColleg-Kundenkreis kann ebenfalls mehr Motivation für mehr Werte bringen. Deshalb schauen wir uns im nächsten Kapitel fünf Unternehmen aus verschiedenen Branchen näher an. Diese Beispiele zeigen uns, was genau Werteorientierung in der Praxis heißt und wie Werte über viele Generationen enormen Wert schaffen können.

TEIL II

WIE WERTE WIRKSAM WERDEN

SSK-GRUPPE

Die Unternehmensgruppe SSK ist eine solide und familiengeführte Unternehmensgruppe mit den Geschäftsfeldern Stahl, Energie, Umwelt. Ihre Kunden aus Industrie, Handel und Handwerk schätzen ihre Qualität und Zuverlässigkeit – seit über 130 Jahren.

SSK SÜLZLE STAHLPARTNER KOPF www.ssk-gruppe.de

Die SSK-Unternehmensgruppe wird in der vierten Generation geführt von der Inhaberfamilie Sülzle. Sie besteht aus den Unternehmen Stahlpartner Sülzle, Stahlpartner Aichach, Sülzle Nutzeisen und aus der Kopf-Gruppe. In Baden-Württemberg, Bayern und Thüringen arbeitet die SSK-Gruppe an insgesamt elf Standorten und beschäftigt mehr als 300 Mitarbeiter.

Die Beziehung der SSK-Unternehmensgruppe zu ihren Kunden, Geschäftspartnern und Mitarbeitern ist getragen durch eine klare Werteorientierung, bei der die Begeisterung der Kunden im Zentrum steht.

Die große Bedeutung nicht nur unternehmerischer, sondern auch sozialer und ökologischer Werte zeigt sich in den Geschäftsfeldern, auf die sich die SSK Unternehmensgruppe spezialisiert hat: Neben Stahl sind dies Energie und Umwelt – Bereiche, die in Zukunft eine immer größere Bedeutung haben werden.

GESCHÄFTSFELDER

STAHLPARTNER SÜLZLE GMBH

Sülzle steht für Stahl. Die Gesellschaft konzentriert sich auf drei Geschäftsfelder: Stahlhandel, Bewehrungstechnik und Stahlbearbeitung.

Im Stahlhandel stehen Betonstahl, Matten, Profilstahl, Röhren, Bleche und Flacheisen im Vordergrund.

In der Bewehrungstechnik bietet Sülzle das Schneiden, Biegen und Schweißen von Betonstahl in jeder Form an, außerdem Lager- und Listenmatten, Gitterträger, Bewehrungsdraht, Schraubverbindungen und Bauzubehör. Hervorgetan hat sich das Unternehmen insbesondere mit der Herstellung von speziellen Armierungskörben, die das zeitaufwändige Flechten von Randarmierungen und Brüstungen überflüssig macht. Mit seinem Verlegeservice, einem eigenen Fuhrpark und Niederlassungen in Rosenfeld, Denkendorf, Dornstetten, Weißensee, Dußlingen, Nordhausen und Pforzheim, hat sich Sülzle als leistungsstarker und flexibler Partner seiner Kunden etabliert.

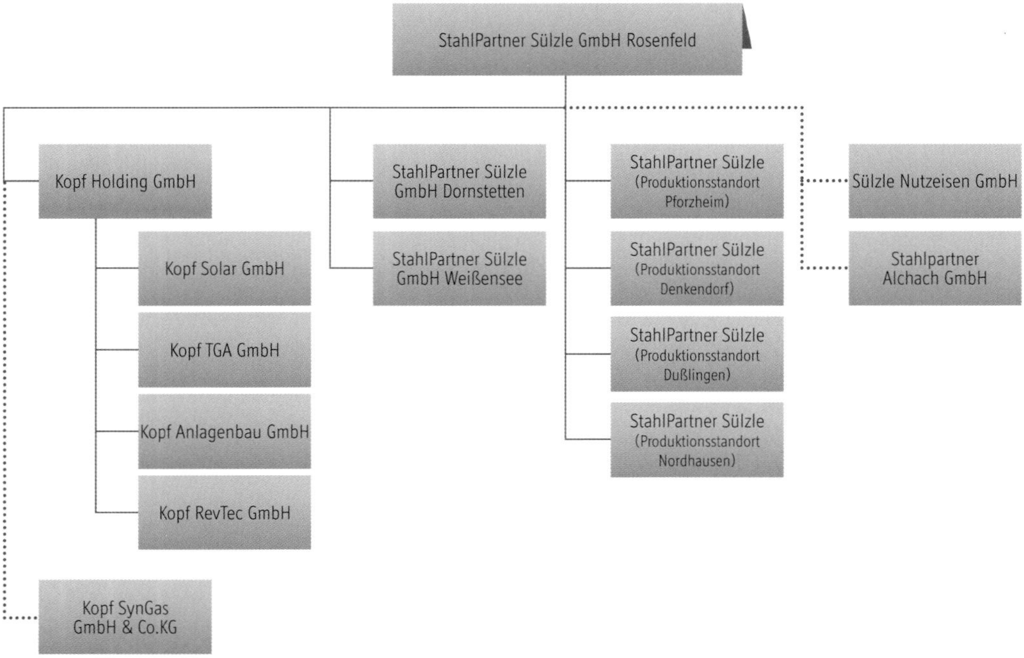

STAHLPARTNER AICHACH GMBH, AICHACH

2007 wurde die ***STP Aichach GmbH*** von Stahlpartner Sülzle und ihrem Partner German Reimer gegründet. Das Unternehmen betreibt im Wittelsbacher Land vor den Toren Münchens einen Betonstahl-Biegebetrieb. Auf 10.000 qm Fläche (davon 4.000 qm überdacht) wird auf modernsten Betonstahlbearbeitungsmaschinen Bewehrungsstahl nach Statikplänen geschnitten, gebogen, geschweißt und termingerecht ausgeliefert. Ein moderner Fuhrpark sorgt für baustellengerechte Belieferung – je nach Bedarf mit oder ohne Ladekran. Ziel sind wirtschaftliche Lösungen zur Optimierung von Baustellen.

SÜLZLE NUTZEISEN GMBH, SULZ-BERGFELDEN

Anfang 2010 hat die ***Stahlpartner Sülzle GmbH*** zusammen mit ihren Partnern Ralf Grau und Thomas Hiechinger die ***Sülzle Nutzeisen GmbH*** mit Sitz in Sulz-Bergfelden gegründet. Nutzeisen ist der Handel mit neuem, gebrauchtem oder deklassiertem Profilstahl für den Baustellenbedarf. Hauptsächlich beliefert ***Sülzle Nutzeisen*** Baufirmen im Bereich Spezialtief- und Brückenbau. Hauptprodukte sind Breitflanschträger, DU-Profile für den Berliner Verbau, Spundwände, RI-Pfähle, Bleche, Rohre und Stahleinbauteile aller Art mit allen notwendigen Schweißnachweisen. Diese werden teilweise aus Abbrüchen, Demontagen oder Rücklieferungen von Baustellen gewonnen und professionell aufgearbeitet. Sülzle nimmt gelieferte Profile nach Abschluss der Baumaßnahmen teilweise auch wieder zurück, vermietet Produkte und bietet vor Ort eine direkte Verschweißung des gelieferten Stahls an. Neben dem Handel mit Nutzeisen ist die Firma auch spezialisiert auf das Fertigen und Liefern von Pfosten für Lärmschutzwände.

KOPF-GRUPPE, SULZ-BERGFELDEN

Die ***Kopf-Gruppe*** besteht aus insgesamt fünf Gesellschaften, die sich auf verschiedene Fachgebiete spezialisiert haben.

Kopf Anlagenbau: Die Menschen in den Regionen, aber auch die Industriebetriebe brauchen Technologien, um Trinkwasser reinzuhalten und Abwässer aufzubereiten, zu reinigen und dem natürlichen Kreislauf zurückzugeben. Kopf projektiert und realisiert hier die passenden Lösungen. Das Unternehmen ist spezialisiert auf Trinkwasseraufbereitungsanlagen, Brunnenausrüstung, Pumpstationen, Hochbehälter, Klärwerksausrüstung, Entsäuerung, Enteisenung, Ultrafiltration, Nanofiltration, auf Wasserkraftanlagen, Geothermie und den Anlagenbau für die Lebensmittelindustrie sowie die Medizintechnik (Reinstmedien).

Kopf RevTec: Wenn es um die Planung und Fertigung von Apparaten, Druckgefäßen, Tanks und Rohrleitungssystemen geht, ist Kopf RevTec der richtige Ansprechpartner. Das Unternehmen hat sich spezialisiert auf Behälterbau, Apparatebau, Reinigungsanlagen, Förderleitsysteme und Verfahrenstechnik für Wasser, Luft und Gasbehandlung.

Kopf Technische Gebäudeausrüstung: Das Unternehmen Kopf Technische Gebäudeausrüstung entwickelt effiziente Energie- und Sanitärkonzepte für Industrie, Kommunen und Privathaushalte. Zu den Tätigkeitsfelder zählen Energie-/Wärmeerzeugung, Energie-/Wärmeverteilung, Energie-/Wärmerückgewinnung, Kraft-Wärme-Kopplungsanlagen (KWK), Kühl- und Kaltwasseranlagen, Heizungsanlagen, Klimatisierung und Lüftung sowie Sanitäranlagen und Badgestaltung.

Kopf Solar: Das auf Sonnenenergie spezialisierte Unternehmen Kopf Solar plant, realisiert und betreut leistungsfähige Photovoltaikanlagen. Es verfügt über umfassendes Know-how und jahrzehntelange Erfahrung.

Kopf SynGas: Mit dem patentierten Vergasungsverfahren der Firma Kopf SynGas können Betreiber von Kläranlagen Energie und Wertstoffe direkt aus dem Klärschlamm gewinnen. Seit 2009 besteht eine Partnerschaft und enge Zusamenarbeit mit der Avat Automation GmbH aus Tübingen.

Geschäftshaus um 1930

ZEITTAFEL

Wilhelm Christian Sülzle

1880 Wilhelm Christian Sülzle und Rosine Margarete Sülzle eröffnen am Marktplatz in Rosenfeld eine Zeugschmiede.

1890 Eröffnung des ersten Ladengeschäfts für Eisen- und Haushaltswaren.

Geschäftshaus 1965

1922 Sohn Wilhelm Karl Sülzle übernimmt die Geschäftsführung.

Rosine Margarete Sülzle

1953 Aufteilung der Firma in die Bereiche „Helmut Sülzle Eisenwaren", „Wilhelm Sülzle Landmaschinen und Riemenverbinder" sowie „Heinrich Blickle Süro Gerätebau".

1970 Neubau einer Lagerhalle für Eisen und Stahl.

1972 Erweiterung der Lagerhalle.

Die jungen Unternehmer: Heinrich Blickle und Helmut Sülzle, 1953

1988 Tod von Helmut Sülzle, Unternehmensführung durch seine Frau Edith Sülzle.

1990 Heinrich Sülzle tritt in die Unternehmensführung ein.

1995 Erweiterung der Lagerhalle und Ausbau der Eisenbiegerei. Hartmut Sülzle übernimmt die Leitung der Eisenwarenabteilung.

1998 Andreas Sülzle tritt in die Unternehmensleitung ein und übernimmt die Produktions- und Betriebsleitung im Stahlhandel und in der Eisenbiegerei.

Helmut Sülzle in den 1970er Jahren

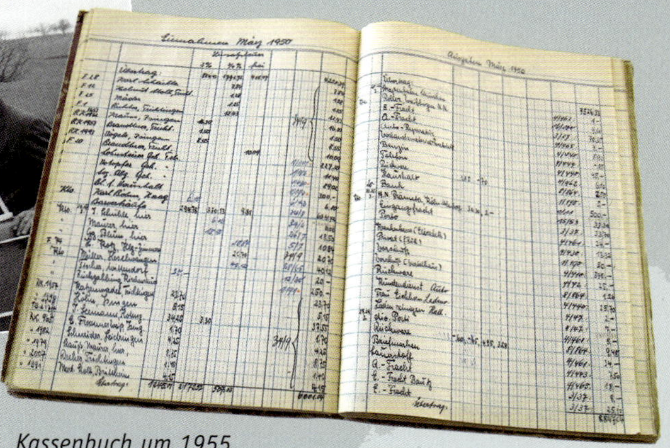

Kassenbuch um 1955

1999 Aufspaltung der ***Helmut Sülzle Eisenwaren*** in Stahlhandel und Eisenbiegerei, Eisenwarenhandel Groß- und Einzelhandel, Haushaltswaren.

2000 Gründung der Firma ***Stahlpartner Dornstetten.***

2002 Übernahme der Firma ***Steim Eisenhandel Dußlingen.***

2003 Gründung ***Sülzle Standort Pforzheim.***

2005 Gründung der Firma ***Sülzle Stahlhandel Denkendorf.***

2007 Gründung der ***STP Aichach GmbH, Aichach.***

2007 Gründung der Firma ***Stahlpartner Weißensee.***

2008 Übernahme der ***Kopf-Gruppe,*** Sulz-Bergfelden

2010 Gründung der ***Sülzle Nutzeisen GmbH,*** Sulz-Bergfelden.

2011 Übernahme der ***Gerhard Dittmar GmbH & Co. KG*** in Nordhausen.

Ora et labora – bete und arbeite.

In die 130 Jahre der Unternehmensgeschichte fielen das Ende der Monarchie, die Wirren zweier Weltkriege, die Weimarer Republik und der Nationalsozialismus, die Gründung der BRD und die Wiedervereinigung mit einer Vielzahl politischer, sozialer und wirtschaftlicher Probleme.

Um in solchen Zeiten als Unternehmer zu bestehen, sind Gottvertrauen und Mut, Fleiß, Ausdauer, Sparsamkeit, Weitblick und ein starker Rückhalt in der Familie notwendig.

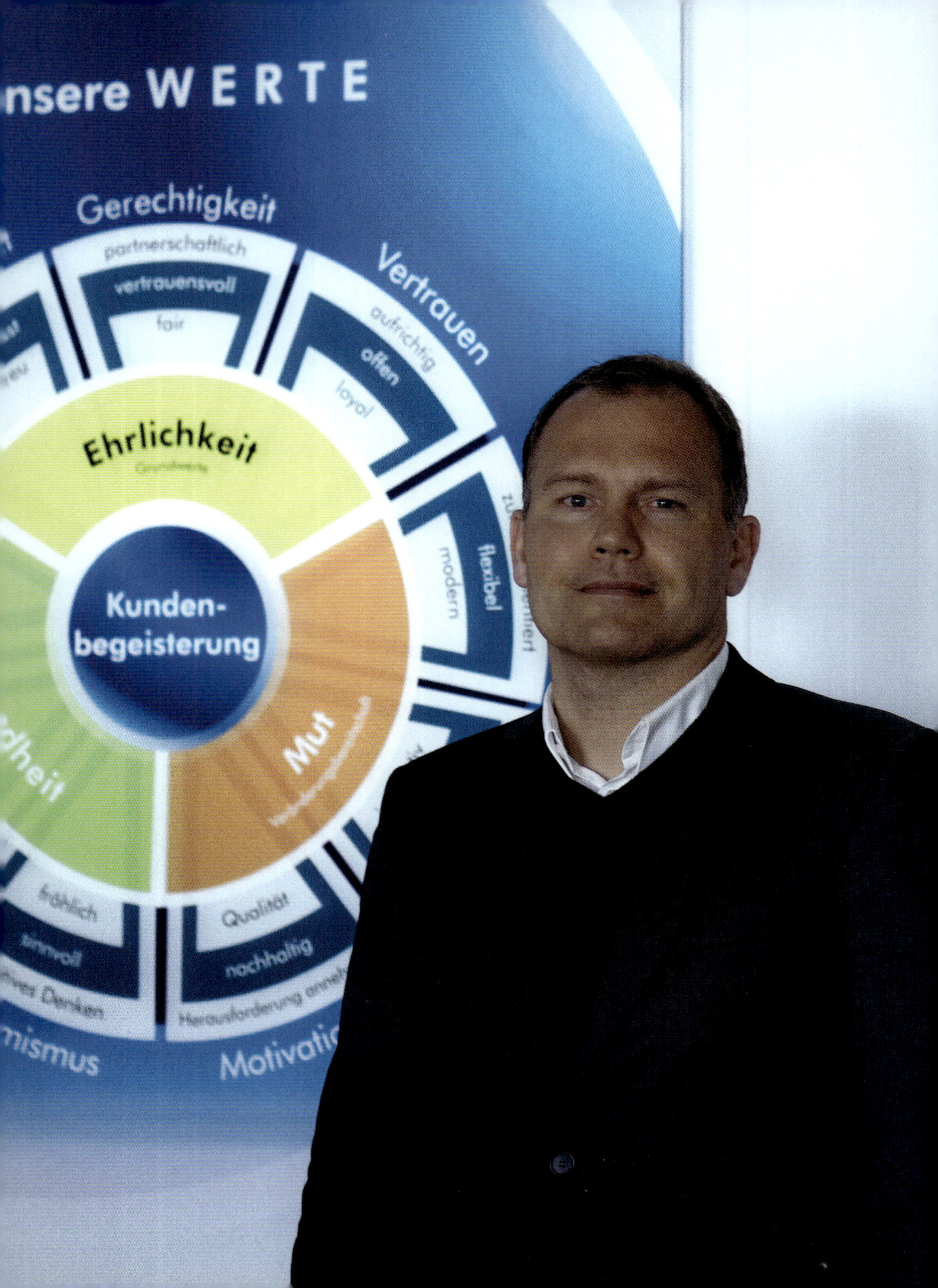
nsere WERTE
Gerechtigkeit
partnerschaftlich
vertrauensvoll
fair
Vertrauen
aufrichtig
offen
loyal
Ehrlichkeit
flexibel
modern
Kunden-
begeisterung
Mut
fröhlich
sinnvoll
Qualität
nachhaltig
mismus
Motivatio

WELCHE WERTE ZÄHLEN FÜR SIE, HERR SÜLZLE?

Interview mit Heinrich Sülzle, Geschäftsführer der Stahlpartner Sülzle GmbH

IN WELCHER WERTEWELT SIND SIE AUFGEWACHSEN?

Unsere Familie ist sehr von der Arbeit in der Firma geprägt. Die Pflicht stand immer im Vordergrund. Meine Geschwister und ich sind gewissermaßen im Betrieb aufgewachsen. Wir haben über dem Ladengeschäft gewohnt und haben hautnah mitbekommen, wie hart und wie lange die Eltern gearbeitet haben. Das Geschäft stand immer an erster Stelle.

Die Kraft zur Erfüllung dieser Pflicht kam und kommt einerseits aus einem tiefen Gottvertrauen. „Ora et labora" hieß es immer bei uns, „bete und arbeite". Andererseits aus der Familie selbst. Wir haben immer zusammen gestanden und wir haben immer gemeinsam die Ärmel hochgekrempelt, wenn es etwas zu bewältigen gab – etwa den plötzlichen Tod unseres Vaters Helmut Sülzle im Jahr 1988. Mitgeholfen hat hier nicht nur die engste Familie, sondern auch Onkel, Tanten, Vettern und Cousinen. Wir sind in unserer ganzen Familie stark verbunden mit großem Respekt und mit großer Akzeptanz. Neben dieser gemeinsamen Pflichterfüllung stand immer auch eine große Portion Mut. Mut, etwas Neues zu wagen oder etwas anders zu machen. So arbeitete unser Unternehmensgründer Wilhelm Christian Sülzle bereits zu Beginn der Industrialisierung im 19. Jahrhundert mit bis zu vier Meter großen, waagrecht liegenden Zahnrädern, die, durch Ochsen gezogen, eine 500-fache Übersetzung ermöglichten. Und er ließ sich Laufräder bauen, um seine Kunden schneller zu erreichen. Sein Sohn erfand einen Pflug, der schräge Flächen bearbeiten konnte, so dass in unserer Region zehn Prozent mehr Fläche genutzt werden konnte.

Dass wir heute einen so großen Unternehmensverbund aufbauen konnten, hat ebenfalls mit harter Arbeit mit viel Mut, aber auch mit Glück und Gottes Segen zu tun. Ich schaue mit großer Dankbarkeit auf die heutige Entwicklung.

WELCHE WERTE SIND FÜR SIE HEUTE PERSÖNLICH GANZ BESONDERS WICHTIG? WOFÜR SETZEN SIE SICH LEIDENSCHAFTLICH EIN?

Für mich persönlich spielt noch immer die aus der Tradition geerbte Verpflichtung gegenüber dem Geschäft eine große Rolle. Damit einher geht eine gewisse Haltung, die immer noch der Haltung der mittelalterlichen Handwerkszünfte entspricht: Anstand, Fleiß, Ausdauer und Ehrlichkeit haben Priorität. Für mich als Unternehmer spielt neben diesen Sekundärtugenden natürlich die Kardinaltugend des Mutes eine zentrale Rolle. Mutig handeln kann ich deshalb, weil ich meinen Geschäftspartnern und Mitarbeitern vertraue. Ohne Vertrauen könnte man ein solch großes Firmenkonstrukt wie die SSK-Unternehmensgruppe nicht führen. Würde ich immer glauben, dass mich jemand hintergeht, dann müsste ich nur noch prüfen und kontrollieren. Ohne Vertrauen geht gar nichts.

In jüngerer Zeit werden für mich selbst und für die Mitarbeiter unserer Unternehmen auch andere Werte wichtiger, zum Beispiel der Wert der Gesundheit.

WIE REAGIEREN SIE, WENN SICH MITARBEITER ODER AUCH GESCHÄFTSPARTNER NICHT NACH IHREN WERTVORSTELLUNGEN VERHALTEN?

Konsequent. Wenn ich sehe, dass jemand mein Vertrauen missbraucht, folgt die Trennung.

WELCHE ROLLE SPIELT DIE WERTEEBENE, WENN SIE NEUE MITARBEITER EINSTELLEN?

Die Werteebene spielt eine große Rolle. Einerseits achten wir die persönlichen Wertvorstellungen unserer Mitarbeiter. Andererseits achten wir auch darauf, dass neue Mitarbeiter zu unserer Wertewelt passen. Das lässt sich oftmals nicht im Vorstellungsgespräch herausfinden, in dem wir unsere Werte immer auch vorstellen. Das zeigt sich innerhalb der Probezeit. Grundsätzlich sind unsere Unternehmenswerte so definiert, dass sie einerseits zuverlässige Leistung und einen fairen Umgang miteinander fordern. Andererseits öffnen sie unseren Mitarbeitern Freiräume, ihre Kreativität und Dynamik einzubringen.

HABEN SIE IN DER JÜNGEREN ZEIT (MÖGLICHERWEISE UNPOPULÄRE) ENTSCHEIDUNGEN GETROFFEN, BEI DENEN SIE SICH GANZ KLAR AN IHREN WERTVORSTELLUNGEN ORIENTIERT HABEN? WELCHE WAREN DAS KONKRET?

In der jüngsten Vergangenheit haben wir uns von Mitarbeitern getrennt, die ganz klar gegen die vorgegebenen Werte verstoßen haben – und das wiederholt. Leider!

WELCHE POSITIVEN EFFEKTE IHRER KLAREN WERTEORIENTIERUNG SEHEN SIE SCHON HEUTE IN IHREM UNTERNEHMEN?

Obwohl uns die Preisentwicklungen der Stahlbranche manchmal in Atem halten, geht es der SSK-Gruppe gut. Unsere konsequente Kundenorientierung zahlt sich also aus. Dass sich auch unsere starke Mitarbeiterorientierung auszahlt, sehen wir an der sehr geringen Fluktuation. Wir haben etliche Mitarbeiter, die seit zehn Jahren im Betrieb sind, einige seit zwanzig Jahren und vereinzelt auch Mitarbeiter, die dreißig Jahre dabei sind. Ihnen gilt unsere besondere Anerkennung.

WELCHE WERTE VERMISSEN SIE IN DER GLOBALEN WIRTSCHAFTSWELT AM MEISTEN? WELCHE ART DES UNMORALISCHEN HANDELNS EMPÖRT SIE BESONDERS?

In den vergangenen Jahren haben viele Menschen über ihre Verhältnisse gelebt. Die Finanzbranche hat daraus ein Geschäft gemacht. Doch deren Produkte hatten mit normaler Wertschöpfung gar nichts mehr zu tun. Etwas Sinnvolles herstellen und verkaufen – das ist doch die Normalität. Wir Mittelständler haben das immer gewusst, und doch werden auch wir in Mitleidenschaft gezogen. Mein Appell: „Nicht alles um jeden Preis!" Wir müssen langfristig denken. Wir müssen sinnvolle Dinge tun. Wir müssen etwas Werthaltiges schaffen – statt leerer Spekulationsblasen.

WELCHE WERTE VERKÖRPERT FÜR SIE DER DEUTSCHE MITTELSTAND?

Innovation, Flexibilität, Effektivität, Lösungsorientierung und Zuverlässigkeit. Das sind alles sehr schwäbische Tugenden! Diese Tugenden machen unseren Erfolg aus. Wir müssen uns diese Tugenden bewahren. Vor allem die Zuverlässigkeit. Es ist zentral, sich auf jemanden verlassen zu können. Ich muss sicher sein, dass mein Gegenüber es mir rechtzeitig sagt, wenn etwas schief geht.

MIT WELCHEN GELEBTEN WERTEN WÄRE DER MITTELSTAND IHRER EINSCHÄTZUNG NACH NOCH STÄRKER?

Ich denke, dass der deutsche Mittelstand noch stärker wäre, wenn er Mut zu mehr Mut hätte.

*„Wir müssen langfristig denken.
Wir müssen etwas Werthaltiges schaffen."*

Heinrich Sülzle, Geschäftsführer der Stahlpartner Sülzle GmbH

DER WEG ZU DEN SSK-WERTEN

Im Jahr 2008 hat Stahlpartner Sülzle die Unternehmesgruppe Kopf übernommen. Damals stand Sülzle vor der Aufgabe, 165 eigene Mitarbeiter mit 120 neuen Mitarbeitern zusammenzuführen. „Wir wollten dies auf der Grundlage der Werte tun, die uns wichtig waren – und noch immer sind", erklärt Geschäftsführer Heinrich Sülzle. Damit folgt das Unternehmen dem, was schon Konfuzius wusste:

„Wenn über das Grundsätzliche keine Einigkeit besteht, ist es sinnlos, miteinander Pläne zu machen."

Sülzle hat seine Unternehmenswerte dort gesucht, wo sie täglich gelebt werden: in den Büros, in den Lagerhallen und Werkstätten – bei den Mitarbeiterinnen und Mitarbeitern selbst. In enger Zusammenarbeit mit dem SchmidtColleg haben ausgewählte Fach- und Führungskräfte der Unternehmen Sülzle, Stahlpartner und Kopf in einer Reihe von Workshops einen Katalog der zwölf Werte zusammengestellt, die für sie am meisten zählen. Auf Grundlage dieser Werte wurden in einem weiteren Workshop dann die Firmenwerte erarbeitet, auf die sich die gesamte SSK-Gruppe von nun an offiziell berufen wollte.

Im nächsten Schritt wurden diese Werte im Kreis der Geschäftsführung detailliert beschrieben. Dieses Ergebnis wiederum ist in Führungskreisen vorgestellt und diskutiert worden, bis es schließlich an die Basis weiter gegeben wurde und hier seinen eigentlichen Zweck erfüllen konnte:

> *„Unsere Werte sollen jedem im Unternehmen Orientierung geben– jeden Tag."*
>
> *Heinrich Sülzle, Geschäftsführer der Stahlpartner Sülzle GmbH*

Damit die SSK-Wertvorstellungen bei jedem Mitarbeiter in der wachsenden Unternehmensgruppe ankommen, wählt Sülzle für jeden Monat des Jahres einen „Wert des Monats" aus, der mit einer – je nach Thema – inspirierenden bis humorvollen Illustration und mit einem Leitspruch versehen wird. Die Mitarbeiter der SSK-Gruppe können sich die „Werte des Monats" als Bildschirmschoner auf ihre PCs aufspielen. Die Erfahrung zeigt dass sie dies nicht nur gerne tun, sondern die verschiedenen „SSK-Werte des Monats" sogar sammeln und dann als kleine Dia-Show ablaufen lassen.

Unsere W E R T E

SSK: KUNDENBEGEISTERUNG IM MITTELPUNKT

Die Unternehmenswerte stellen die Basis für die Zusammenarbeit mit Kunden, Lieferanten und mit der Öffentlichkeit dar und sind das Credo aller SSK-Mitarbeiterinnen und -Mitarbeiter. Das Ziel aller Menschen bei SSK ist es, die Unternehmensphilosophie und ihre Werte mit Leben zu füllen.

KUNDENBEGEISTERUNG

Im Mittelpunkt der SSK-Wertewelt steht die Begeisterung der Kunden. Da es sich bei diesen Kunden um sehr bodenständige Unternehmen, Kommunen und Privatleute aus Süddeutschland handelt, um (Groß-)Baustellen im Hoch- und Tiefbau, um Klär- oder Solaranlagen, begeistert die SSK-Gruppe mit bodenständigen Werten wie Ehrlichkeit, aber auch mit ihrem Mut, immer wieder etwas Neues zu wagen, von dem die Kunden letztendlich profitieren. Nicht zuletzt aber überzeugen die über 300 Mitarbeiter der SSK-Gruppe ihre Kunden damit, dass es ihnen immer wieder Spaß macht, Herausforderungen anzunehmen und sehr gute Leistungen zu erbringen.

EHRLICHKEIT

Der Grundwert der Ehrlichkeit steht an erster Stelle. Für die SSK-Gruppe zeigt sich Ehrlichkeit in drei tragenden Tugenden: Zuverlässigkeit, Gerechtigkeit und Vertrauen. Gerade bei Großbaustellen ist eine zuverlässige und pünktliche Lieferung entscheidend. Experten arbeiten Hand in Hand. Verzögert sich eine Lieferung, dann schlägt das auf viele weitere Bauschritte durch.

Gerechtigkeit zeigt sich in einer partnerschaftlichen, vertrauensvollen und fairen Zusammenarbeit. Nur so lassen sich langfristige und tragfähige Beziehungen zu Kunden und zu Geschäftspartnern aufbauen, auf die insbesondere die Baubranche zunehmend angewiesen ist.

Vertrauen ist die Grundlage einer Zusammenarbeit, die sich durch einen aufrichtigen und offenen Umgang miteinander auszeichnet. Probleme müssen angesprochen werden, damit man sie lösen kann. Auf dieser Grundlage entsteht eine Loyalität, die Geschäftsbeziehungen über viele Jahre tragen kann.

MUT

Mut spielt innerhalb der gesamten SSK-Gruppe eine zentrale Rolle. Er soll sich zeigen in einem hohen Maß an Motivation, Kreativität und Dynamik.

„Wir wollen das, was wir machen, gut machen. Dann kommt auch der Erfolg", unterstreicht Heinrich Sülzle. Nicht durch hohe Renditen ist die SSK-Gruppe motiviert, sondern durch „das vernünftige, bestmögliche Geschäft".

Kreativität bezieht sich in der Stahl- und Baubranche auf neue Lösungen, mit denen Kunden noch effizienter, schneller und sicherer bauen können. Sie bezieht sich aber auch auf die Erschließung völlig unbekannter Geschäftsfelder, wie etwa die Vergasung von Klärschlamm oder der Handel mit gebrauchtem Profilstahl.

Die Entwicklung der SSK-Gruppe zeigt eine starke Dynamik. „Wir wollen zwar Dynamik, aber kein dynamisches Wachstum um jeden Preis. Wir streben ein stabiles und solides Wachstum an", stellt Heinrich Sülzle klar. In einem gesunden Unternehmen muss Mut immer gepaart sein mit Klugheit und Weitblick.

GESUNDHEIT

Ein Unternehmen kann immer nur so leistungsfähig sein wie seine Mitarbeiter. Deshalb hat die SSK-Gruppe Gesundheit als zentralen Wert definiert. Dieser Wert umfasst Optimismus, Freude und Familie.

Nur mit Optimismus ist es möglich, mutig, innovativ und zukunftsorientiert zu handeln. Selbstverständlich muss positives Denken dabei immer Hand in Hand mit gesundem Menschenverstand gehen.

Freude ist der Motor für eine Arbeit, die sich auszeichnet durch ein hohes Maß an Engagement und Energie. Genau das ist das Tröpfchen Öl, das in einer Geschäftsbeziehung Wunder tut.

Der starke Rückhalt in der Familie ist ein Hauptgrund dafür, dass die heutige Unternehmergeneration Sülzle auf eine 130jährige Unternehmensgeschichte zurückblicken kann. Genau wie die Inhaberfamilie sollen auch alle Mitarbeiterinnen und Mitarbeiter in ihren Familien Kraft schöpfen und Balance finden können.

Familienfoto anno 1943: Wilhelm Sülzle, seine Ehefrau Maria und die Kinder Reinhold, Elisabeth, Walther, Helmut, Karl, Ruth und Hanna

„A Tröpfle Öl duat Wonder."

Wilhelm Karl Sülzle (Geschäftsführer 1922 bis 1953)

LEITSÄTZE

ZIEL: IMMER ZWEI GEWINNER

Schon seit 2004 hat sich Stahlpartner Sülzle der Zwei-Gewinner-Strategie verschrieben. Auf Basis dieser Strategie wurde vier Jahre später das große Werte-Rad entwickelt, doch die Zwei-Gewinner-Strategie ist bis heute gültig und aktuell.

Hinter der Strategie steht die Idee, dass eine klare Werteorientierung zu einem direkten Effekt auf die SSK-Gruppe selbst und auf die Ergebnisse für den Kunden führt. Und zwar im Hinblick auf sechs verschiedene Dimensionen:

Partnerschaft und Verantwortung: Offen, ehrlich und vertrauensvoll – so soll der Umgang aussehen, den Sülzle im eigenen Haus und im Kontakt mit seinen Kunden pflegt. Beide Werte sind als Elemente des Grundwertes Ehrlichkeit in das neue Wertekonzept des Unternehmens eingegangen.

Mensch und Leistung: Wertschätzend, respektvoll, engagiert – sowohl Mitarbeiter als auch Kunden des Unternehmens sollen sich mit ihrer gesamten Energie einbringen können und entsprechend gewürdigt werden. Diese Werte sind in das neue Wertekonzept als Elemente des Einstellungswertes Gesundheit eingegangen.

Qualität und Perspektive: Hier stehen Kreativität und Leistungsfähigkeit der Mitarbeiter im Fokus – Werte, die letztendlich zum Erfolg des Unternehmens und zur Begeisterung der Kunden führen. Beide Werte sind heute Teil des Veränderungswertes Mut; die Kundenbegeisterung ist zusätzlich zum Kern des gesamten Werterades avanciert.

„Werden die postulierten Werte konsequent gelebt, profitieren alle", ist Heinrich Sülzle überzeugt. Es gewinnt nicht nur die SSK-Gruppe, sondern auch jeweils der Kunde, der Mitarbeiter, der Lieferant oder Geschäftspartner und nicht zuletzt die gesamte Region, in der sich die Gruppe engagiert.

2 Gewinner

Sie		Wir
Eine vertrauensvolle und nachhaltige Zusammenarbeit ist unsere Verpflichtung.	**Partnerschaft**	Unsere Unternehmenskultur basiert auf einem offenen und ehrlichen Miteinander.
Unseren Partnern begegnen wir wertschätzend und respektvoll.	**Mensch**	Wir bewahren persönliche Freiräume und fördern Gesundheit und Lebensbalance.
Wir handeln in sozialer, wirtschaftlicher und ökologischer Verantwortung.	**Verantwortung**	Die Führung unseres Unternehmens beruht auf ethischen Grundwerten.
Kunden zu begeistern ist der Qualitätsanspruch für den wir stehen.	**Qualität**	Wir fördern ständig Kompetenz und Kreativität unserer Mitarbeiter.
Unsere Motivation und unser Engagement dient Ihrem Erfolg.	**Leistung**	Ein faires Preis-Leistungsverhältnis dient als Fundament einer erfolgreichen Zusammenarbeit.
Das Besondere für Sie ist unsere Verbindung von traditionellen Werten und innovativen Lösungen.	**Perspektive**	Unser ständiges Ziel ist wirtschaftlicher Erfolg, Stabilität und solides Wachstum.

WIE WERTE WIRKEN

Innerhalb der SSK-Gruppe haben die gelebten Werte zu vielen positiven Wirkungen geführt. Einige Beispiele:

MUT ZU INNOVATIONEN

Die gesamte SSK-Gruppe setzt auf umweltschonende Konzepte, die darüber hinaus wirtschaftlich überzeugen. Der Fokus unserer Arbeit ist dabei stets derselbe: Wir schonen die vorhandenen Ressourcen, indem wir sie so effizient wie möglich einsetzen.

Insbesondere die Kopf-Gruppe widmet sich innovativen Technologien, die sich am Markt noch durchsetzen müssen. Um Kunden und Geschäftspartner über die neuesten Entwicklungen in der Klärschlammvergasung, der Abgasreinigung und im Bereich der Bioenergieanlagen zu informieren, veranstaltet die SSK-Gruppe zum Beispiel „Kopf Umwelttage". Wissenschaftler und Praktiker referieren in verschiedenen Vorträgen über Themen, die einerseits über die ökologischen Herausforderungen der Zukunft aufklären und andererseits Verbindungen zu den Kompetenzen der Kopf-Gruppe herstellen.

Eine intakte, saubere Umwelt und geringer Energieverbrauch sind elementarer Ausdruck von Lebensqualität und kluger Lebensphilosophie.

EHRLICHKEIT ALS STARKE BASIS

Die Stahlpartner Sülzle GmbH hat Anfang 2010 ein völlig neues Unternehmen gegründet und ein neues Konzept gewagt: Die Sülzle Nutzeisen GmbH.

Neu deshalb, weil Sülzle mit Ralf Grau und Thomas Hiechinger zwei erfolgreiche Führungskräfte aus der Branche kurzerhand zu Unternehmern im Firmenverbund gemacht hat. Neu auch, weil hier ein Unternehmensmodell so realisiert wurde, wie es noch

„Wir wollen das, was wir machen, gut machen. Dann kommt auch der Erfolg."

Heinrich Sülzle, Geschäftsführer der Stahlpartner Sülzle GmbH

„Wenn sich die Geschäftsleitung weiterhin so engagiert, wie dies bisher der Fall war, sehen wir der Zukunft zuversichtlich entgegen."

Ralf Völkle

niemand zuvor in dieser Dimension gewagt hat. Auf 25.000 Quadratmetern wurde ein Außenlager mit drei Portalkränen mit 36 Metern Spannweite, drei Produktionshallen und ein Bürokomplex errichtet. „Wir haben über Ideen und mögliche Perspektiven ganz offen und unkompliziert gesprochen und eine erfolgreiche, neue Partnerschaft geschlossen", blickt Heinrich Sülzle zurück. „Das geht nur mit Vertrauen – einem Wert, der eng mit Ehrlichkeit verknüpft ist."

Dass Ehrlichkeit zu einer großen Loyalität führt, zeigt die äußerst geringe Fluktuation innerhalb der SSK-Gruppe. Etliche Mitarbeiter sind seit Jahrzehnten im Betrieb.

Gerhard Reich (links) ist als Stahlhandelskaufmann seit 1981 im Betrieb. Ralf Vökle arbeitet seit 1979 als Bilanzbuchhalter.

GESUNDHEIT FÜR ALLE

In Zusammenarbeit mit dem SchmidtColleg bietet die SSK-Gruppe einen Gesundheitscheck für alle Mitarbeiter an. Auf dem Programm stehen dabei eine Blut- und Fitnessanalyse, ein professioneller Check-up bis zur nachhaltigen Unterstützung der Umsetzung – individuell und vertraulich.

Die Checks erfolgen auf freiwilliger Basis. Im September 2010, kurz nach dem Start des Business-Health-Programms, hatten schon 130 Mitarbeiter teilgenommen. „Das zeigt, wie stark das Interesse über den eigenen Gesundheitszustand und der Wunsch nach mehr Vitalität und Wohlbefinden ist", erklärt Heinrich Sülzle. Er sieht bereits deutliche Veränderungen im Unternehmen. So kommen immer mehr Mitarbeiter mit dem Fahrrad, oder sie machen sich mehr Gedanken über eine gesunde Ernährung. „Ich sehe viele kleine Schritte in die richtige Richtung. Das finde ich gut", sagt Sülzle. „Es muss ja nicht immer gleich ein Marathon sein."

„Gesundheit kann man nicht kaufen."

Heinrich Sülzle, Geschäftsführer der Stahlpartner Sülzle GmbH

WERTE LEBEN: DIE BESTEN PROJEKTE

Dass sich Sülzle für die Gesellschaft einsetzt, ist für die Inhaberfamilie und das Unternehmen eine Selbstverständlichkeit. Besonders erwähnenswert ist hier der humanitäre Einsatz von Maria Sülzle (1900 bis 1985) für Einheimische, aber auch für französische Kriegsgefangene während des Dritten Reiches, während des Krieges und in der Nachkriegszeit. Sie war bekannt und geschätzt als die „Mutter Rosenfelds".

SOZIALES ENGAGEMENT

Das soziale Engagement ist der SSK-Gruppe bis heute ein großes Anliegen. Im Fokus stehen heute regionale Initiativen wie die „Gruppe Kleeblatt" der Diakonie aus Balingen, die Alleinerziehende unterstützt. Darüber hinaus engagiert sich das Unternehmen mit Geldspenden für internationale Projekte, zum Beispiel in Lima. Hier ermöglichen das Kinderwerk Lima und die in Lima ansässige „Johannes-Gutenberg-Schule" 1.600 Kindern aus Elendsvierteln eine Schulbildung und medizinische Betreuung.

SPORT-SPONSORING

Seit drei Jahren unterstützt die SSK-Unternehmensgruppe die Fußball-Abteilung des TSG Balingen als Sponsor. Dazu zählen die erste Mannschaft, die in der Oberliga spielt, die zweite Mannschaft, die in der Landesliga spielt und die Jugendmannschaften, die mittlerweile alle in die höchste Liga in Baden-Württemberg aufgestiegen sind. „Der Verein vertraut jungen Spielern aus der Region, er beschreitet einen wirtschaftlich gesunden Weg und bringt Spitzenleistungen – das passt zu den SSK-Werten", unterstreicht Heinrich Sülzle. Gleichzeitig verhilft der TSG Balingen dem Unternehmen zu mehr Präsenz in der Region. Als besonders wirkungsvoll hat sich der „SSK-Cup" erwiesen, der im Sommer 2011 in die zweite Runde gehen konnte. Hier bieten Verein und Unternehmensgruppe dem Fußballnachwuchs die Chance, gegen etablierte Mannschaften wie zum Beispiel die „Stuttgarter Kickers" anzutreten. Um das ehrenamtliche Engagement der Vereine in der Region zu würdigen, startet SSK immer wieder auch besondere

Events. So lud das Unternehmen rund 200 jugendliche Nachwuchskicker aus der Region des kleinen Heubergs zu einem Heimspiel des VfB Stuttgart gegen Arminia Bielefeld in die Mercedes-Benz-Arena ein. „Ausgestattet mit eigens bedruckten T-Shirts und zahlreichen Fan-Utensilien, unterstützten die Nachwuchskicker ihre Stuttgarter Mannschaft nach Leibeskräften. Auch wenn es letztendlich nur zu einem Unentschieden reichte, hatten die Jugendlichen eine Menge Spaß und feierten die Punkteteilung auf der Rückfahrt fast wie einen Sieg", berichtet die SSK-Unternehmenszeitung.

UMWELT UND NACHHALTIGKEIT

Ihr Engagement für die Themen Umwelt und Nachhaltigkeit unterstreicht die SSK-Gruppe durch eine Kooperation mit dem Umweltmultimediaprojekt **Fideldidu – Kinder, Natur, Abenteuer** (www.fideldidu.de). Im Mittelpunkt des Projektes steht der Elf Fideldidu, der Kinder von drei bis zwölf Jahren in ihrer mythischen Welt abholt und ihnen die ökologischen und naturwissenschaftlichen Zusammenhänge in ihrer realen Welt auf kindgerechte Art erklärt. Das Ziel des Projektes Fideldidu ist es, „Kindern mithilfe der Elfenwelt zu lehren, die wunderbare Natur mit all ihrer Pflanzen- und Tiervielfalt wertzuschätzen". Kinder sollen sich als ein Teil dieser Natur wissen, sie sollen ihr mit Achtung begegnen und schon früh erfahren, wie neue Bauweisen aussehen könnten, was neue Mobilität ist und wie neue Ernährung, neue Energieversorgung und neue Entsorgung ihr Leben positiv verändern könnten. Im Herbst 2010 wurde Fideldidu von der Unesco offiziell als Dekadeprojekt für *Bildung für Nachhaltige Entwicklung 2010–2011* ausgezeichnet. Fideldidu darf offiziell das Logo der Weltdekade verwenden.

„Wir sehen eine enge Verbindung zwischen den Projektzielen von Fideldidu und den Geschäftsfeldern der Kopf-Gesellschaften, vor allem zu Solarenergie und Wasser", erklärt Heinrich Sülzle. Durch das Engagement als Premiumsponsor möchte die SSK-Gruppe sich einerseits für wichtige, aktuelle Themen einsetzen, andererseits aber auch gezielt Aufmerksamkeit auf die Produkte der Kopf-Gruppe lenken. Nicht zuletzt geht es darum, „gute Mitarbeiter zu finden und zu binden", so Heinrich Sülzle. „Der Erfolg unseres Unternehmens hängt von engagierten Mitarbeitern ab. Ich kann kurbeln – aber die anderen müssen Gas geben!"

UNSERE ERFAHRUNG FÜR DEN DEUTSCHEN MITTELSTAND

- Eine starke innere Haltung der Inhaberfamilie kann ein Unternehmen über Jahrhunderte festigen.

- In jeder neuen Unternehmergeneration kann es sich als sinnvoll erweisen, das Unternehmen neu zu strukturieren, damit jeder seine persönlichen Stärken und Talente einbringen kann.

- Wenn Unternehmen fusionieren, brauchen alte und neue Mitarbeiter eine starke Wertebasis, auf der sie zusammenwachsen und auf der sie zusammen wachsen können.

- Ein Unternehmen muss mutig und dynamisch wachsen, um sich eine starke Marktposition zu sichern. Aber nicht um jeden Preis.

- Wer Innovationen auf den Markt bringt, braucht Weitsicht und einen langen Atem.

- Ein starkes Engagement in der Region bringt alle gemeinsam voran.

- Ohne Vertrauen geht gar nichts.

„Ein Unternehmen muss mutig und dynamisch wachsen, um sich eine starke Marktposition zu sichern. Aber nicht um jeden Preis."

Andreas Sülzle, Geschäftsführer der Stahlpartner Sülzle GmbH

„Bedeutende Errungenschaften entstehen durch die Zusammenarbeit verschiedener Charaktere, die mit einer gemeinsamen Vision auf ein gemeinsames Ziel hin arbeiten."

Heinrich Sülzle und sein Bruder Andreas Sülzle,
Geschäftsführer der Stahlpartner Sülzle GmbH

ABUS
STAHLHANDEL
SÜLZLE

BROTHER

1908 ging Brother als kleine Reparatur-Werkstatt an den Start. Heute ist Brother ein international operierender Konzern mit Stammsitz in Nagoya/Japan, der als Hersteller von Druckern, Multifunktionsgeräten, Näh- und Industriemaschinen in mehr als 100 Ländern aktiv ist.

brother
at your side

„At your side“ – diese drei Worte beschreiben Brother. Das japanisch stämmige Unternehmen hat sich nicht nur als Anbieter von funktionstüchtigen Druckern, Faxgeräten, Multifunktionsgeräten und Nähmaschinen einen Namen gemacht, sondern gilt auch als besonders fair und serviceorientiert – ganz gleich, ob seine Kunden in mittelständischen Unternehmen, in Konzernen oder in winzigen Home-Offices arbeiten.

Im Jahr 2012 feiert die deutsche Vertriebsgesellschaft ihren 50. Geburtstag. Nach der Gründung 1962 in Hamburg war der Firmensitz 1964 nach Frankfurt verlegt worden; seit 1974 ist das Unternehmen in Bad Vilbel ansässig. Heute erwirtschaftet Brother International GmbH einen Gesamtumsatz von rund 350 Millionen Euro. Die gesamte Brother-Gruppe ist in über 100 Staaten vertreten, beschäftigt mehr als 29.000 Mitarbeiter und erwirtschaftet einen jährlichen Konzernumsatz von über 4,7 Milliarden Euro.

GESCHÄFTSFELDER

Das erste Produkt des Unternehmens Brother war eine Maschine, mit der Strohhüte für Reisbauern genäht werden konnten.

Heute spielen Haushaltsnähmaschinen, Industrienähmaschinen und Werkzeugmaschinen noch immer eine tragende Rolle im Unternehmen.

Viel bekannter ist Brother allerdings für sein Druck-Equipment – und zunehmend auch für innovative Services und Techniken, von Online-Karaoke bis hin zu Mikroprojektoren.

- **Printing & Solutions** (Drucken und Lösungen): All-in-Ones, Drucker, Faxgeräte, Bürogeräte, Schreibmaschinen.
- **Personal & Home** (Privater Bereich und Heimbereich): Haushaltsnähmaschinen,
- **Machinery & Solution** (Industriemaschinen und Lösungen): Industrienähmaschinen, Werkzeugmaschinen,
- **Network & Contents** (Netzwerk und Inhalte): Online-Karaoke, Systeme zur Bereitstellung von Inhalten, Inhaltsdienste,
- **Neue Geschäftsbereiche:** Hier beschäftigt sich Brother zum Beispiel mit Projektoren (Head-Mounted Displays), die ähnlich wie eine Brille getragen werden.

Prozentualer Anteil der 29.873 Beschäftigten der Brother-Gruppe nach Regionen (konsolidiert),

Stand 31. März 2011.

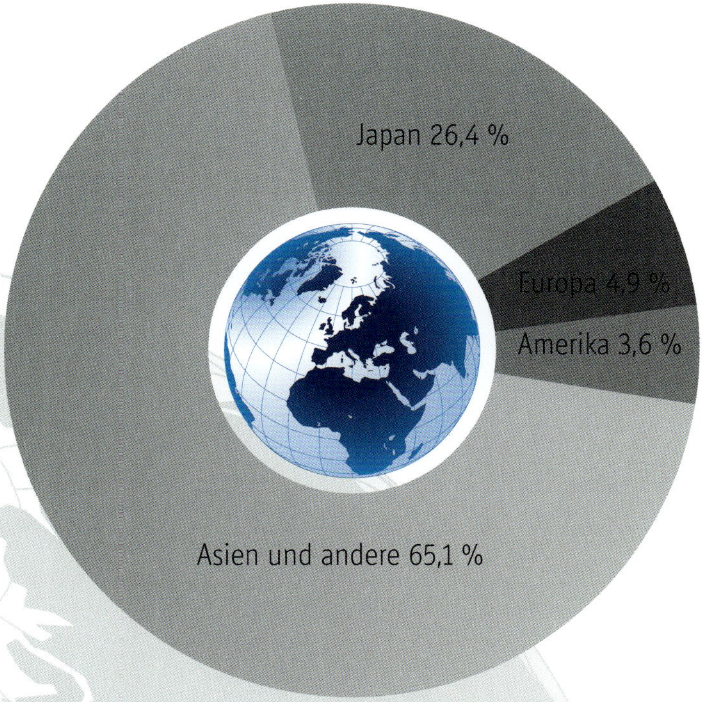

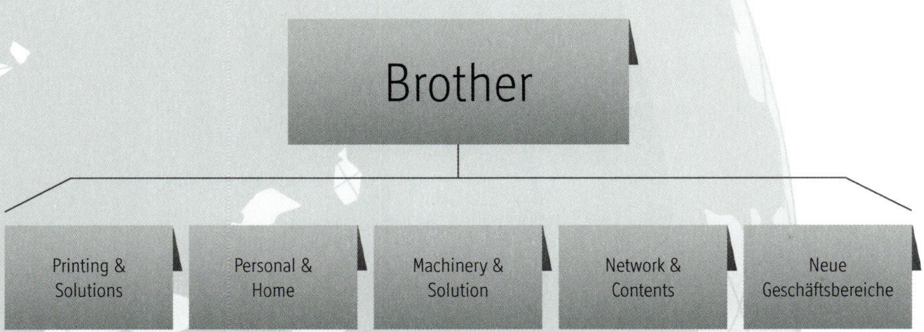

ZEITTAFEL

1908 Kanekichi Yasui gründet ***Yasui Sewing Machine Co.***

1925 Masayoshi Yasui erbt das Unternehmen und ändert den Firmennamen in ***Yasui Brothers' Sewing Machine Co.***

1932 Erfolg bei Massenproduktion von Heimnähmaschinen.

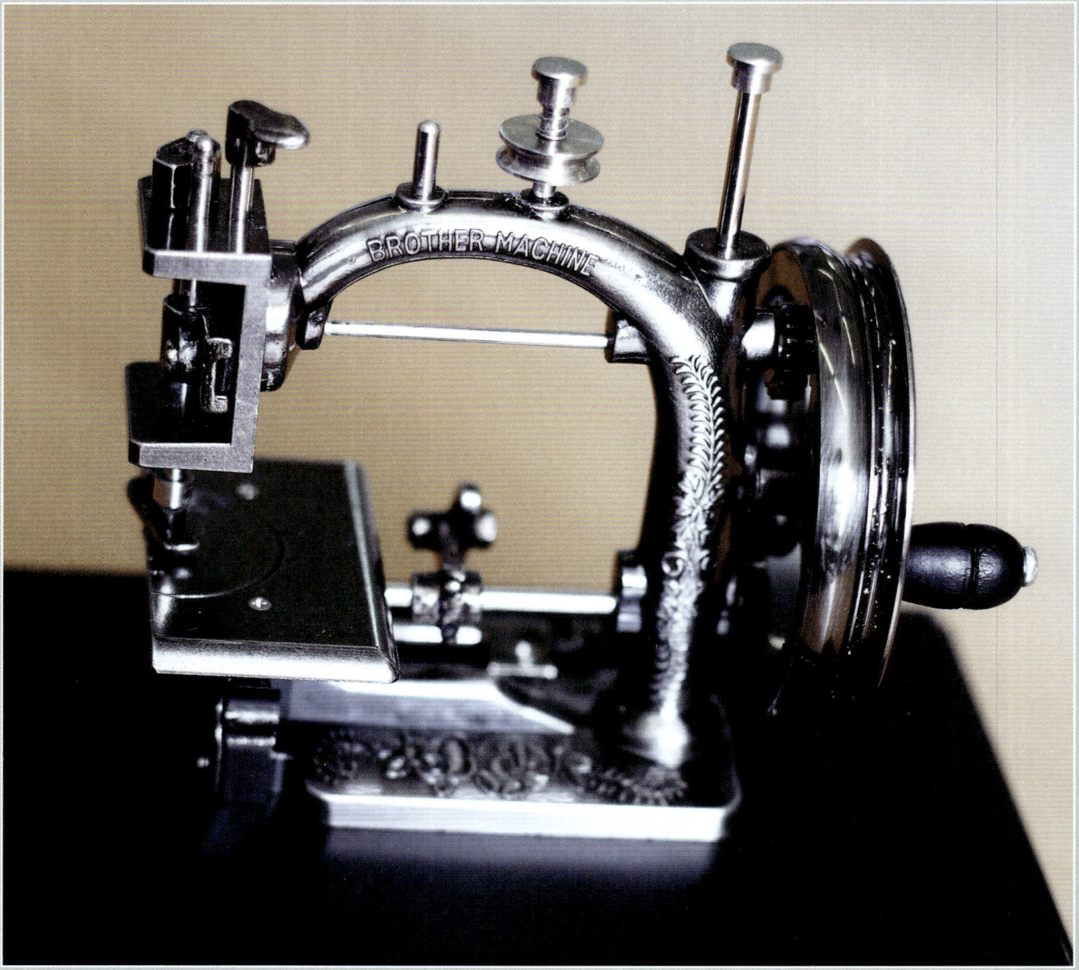

Kettenstich-Nähmaschine für Strohhüte (1920)

1934 Gründung der ***Nippon Sewing Machine Manufacturing Co.*** (jetzt Brother Industries Ltd.).

Masayoshi Yasui

1941 Gründung der ***Brother Sales Ltd.***, als Verkaufsfirma für den japanischen Markt.

1947 Beginn des Exports von Haushaltsnähmaschinen.

1954 Gründung der ***Brother International Corporation*** (Japan) als Unternehmen für Übersee-Exporte, Gründung einer regionalen Verkaufsfirma in Amerika, Miteinbeziehung der Bereiche Strickmaschinen und Haushaltskleingeräte.

Produktionsstätte zur Herstellung von Nähmaschinen in Japan

1958 Gründung einer regionalen Verkaufsfirma in Europa.

1961 Miteinbeziehung der Bereiche Büromaschinen und Werkzeugmaschinen.

1962 Gründung ***Brother International GmbH,*** Hamburg.

1963 Notierung an den Börsen von Tokyo, Osaka und Nagoya.

1971 Markteinführung des weltweit ersten Hochgeschwindigkeit-Nadeldruckers.

1974 Umzug der deutschen GmbH von Hamburg nach Bad Vilbel.

1979 ***Taiwan Brother Industries Ltd.***, beginnt mit der Produktion von Haushaltsnähmaschinen.

Elektronische Schreibmaschine

1984 Lieferung von Schreibmaschinen als offizieller Ausstatter der Olympischen Spiele von Los Angeles.

1985 *Brother Industries (U.K.) Ltd.* beginnt mit der Produktion von elektronischen Schreibmaschinen.

1987 Miteinbeziehung des Bereichs Telekommunikationsausstattung.

1988 Miteinbeziehung des Bereichs elektronischer Bürobedarf.

1989 *Brother Industries Technology (M) Sdn. Bhd.* beginnt mit der Produktion von Büromaschinenteilen.

1992 Gründung der *Xing Inc.* und Beginn des Geschäfts mit Online-Karaoke-System.

1993 *Zhuhai Brother Industries, Co. Ltd.*, beginnt mit der Produktion von Haushaltsnähmaschinen.

1994 *Brother Corporation (Asia) Ltd.* beginnt mit der Produktion von Büromaschinenteilen.

1995 *Xian Typical Brother Industries Co. Ltd.,* beginnt mit der Produktion von Industrienähmaschinen.

1999 *Brother Industries Ltd.,* gliedert *Brother Sales Ltd.* als Tochtergesellschaft in das Unternehmen ein, Erstellung der „Globalen Charta der Brother-Gruppe".

2000 Einführung eines innerbetrieblichen Unternehmenssystems, eines Systems für leitende Angestellte und eines Systems zur Miteinbeziehung eines Vorstandsmitglieds, das von außerhalb des Unternehmens kommt.

2002 *Brother Sewing Machine Xian Co. Ltd.,* beginnt mit der Produktion von speziellen Industrienähmaschinen, Erstellung der „Globalen Vision 21".

2003 *Brother Industries (Shenzhen) Ltd.* beginnt mit der Produktion von multifunktionalen Produkten.

2005 Eröffnung des „Brother Communication Space", Gründung der *Brother (China) Ltd.,* Teilnahme an der Weltausstellung 2005 Aichi, Japan, mit einer Ausstellung im Joint Pavillon.

2006 Gründung der *Brother Industries (Vietnam) Ltd.,* Gründung der *Brother Technology (Shenzhen) Ltd.,* Gründung der *Brother Industries (Slovakia) s.r.o.,* Änderung der Klassifizierung auf dem Aktienmarkt von „Maschinen" in „Elektrische Geräte."

2007 Reduzierung der Anzahl an Aktien pro Einheit von 1.000 auf 100 Aktien.

2008 100-jähriges Jubiläum der Brother-Gruppe.

2010 *Brother Industries Ltd.* gliedert *BMB Ltd.* als Tochterunternehmen der Konzerngesellschaft an. Gründung der *Brother Software Development (Hangzhou) Ltd.*

2012 50. Geburtstag der *Brother International GmbH,* Bad Vilbel.

WELCHE WERTE ZÄHLEN FÜR SIE, HERR HARBICH?

Interview mit Lothar Harbich,
Geschäftsführer Brother International GmbH, Bad Vilbel

WIE WÜRDEN SIE DIE WERTEWELT VON BROTHER BESCHREIBEN?

Die Japaner werden auch als die Preußen Asiens bezeichnet. Insofern liegt es nahe, dass wir davon auch als deutsche Niederlassung geprägt sind.

WELCHE WERTE SIND FÜR SIE HEUTE PERSÖNLICH GANZ BESONDERS WICHTIG? WOFÜR SETZEN SIE SICH LEIDENSCHAFTLICH EIN?

CSR – Corporate Social Responsibilty. Und Kontinuität. Das Leiten „mit ruhiger Hand". Der Manager ist dazu da, dort zu reagieren, wo es möglicherweise etwas unrund läuft. Ethik und Moral werden allerdings in den klassischen wirtschaftlich orientierten Studiengängen nicht vermittelt. Daher ist man auf seine Kinderstube angewiesen und die Kultur des Unternehmens, in dem man tätig ist. Werte werden von der Führungsebene vorgelebt. Es ist wichtig, dass Werte von „oben" vorgegeben und glaubhaft vorgelebt werden. Sie dienen als Orientierung für die Mitarbeiter und sind die Basis jeder Unternehmenskultur. Und: Als Leidenschaft würde ich es vielleicht nicht bezeichnen, aber ich habe ein ausgeprägtes Verhältnis zur Gerechtigkeit.

WIE REAGIEREN SIE, WENN SICH MITARBEITER ODER AUCH GESCHÄFTSPARTNER NICHT NACH IHREN WERTVORSTELLUNGEN VERHALTEN?

Grundsätzlich leben wir die Firmenphilosophie „at your side" – das gilt für Mitarbeiter ebenso wie für Geschäftskunden. Wichtig für uns ist zu wissen, warum die Wertevorstellungen eventuell nicht übereinstimmen. Bei Mitarbeitern reagieren wir sofort – auch mit personalrechtlichen Konsequenzen, wenn die Vorstellungen zu weit auseinander gehen. Im Geschäftsumfeld kann es schon mal vorkommen, dass wir auf einen Auftrag verzichten.

WELCHE ROLLE SPIELT DIE WERTEEBENE, WENN SIE NEUE MITARBEITER EINSTELLEN?

Eine ganz besonders wichtige Rolle. Gerade bei unseren Führungskräften sind die Werteebene und die soziale Kompetenz sehr wichtig. Denn erfolgreich führen kann nur, wer die Unternehmensphilosophie verinnerlicht und als Lotse vorlebt. Das positive Feedback von neuen Mitarbeitern bestätigt uns in unserem Tun.

WELCHE POSITIVEN EFFEKTE IHRER KLAREN WERTEORIENTIERUNG SEHEN SIE SCHON HEUTE IN IHREM UNTERNEHMEN?

Selbst in Zeiten einer Wirtschaftskrise herrscht bei uns ein angenehmes Betriebsklima und nicht wenige Mitarbeiter sagen: „Wir sind froh in einem solchen Unternehmen arbeiten zu können. Hier gibt es sichere Arbeitsplätze und keine ‚Hire-and-Fire-Mentalität'." Ich denke, das kann man durchaus auf einen erfolgreich vorgelebten Wertekatalog zurückführen. Auf lange Sicht bringt er uns loyale Mitarbeiter, positive Personalentwicklung und kontinuierliches Wachstum.

WELCHE WERTE VERMISSEN SIE IN DER GLOBALEN WIRTSCHAFTSWELT AM MEISTEN?

Je schneller und größer Konzerne wachsen, umso abstrakter wirken manchmal die Personalentscheidungen. Es entsteht der Eindruck, dass die Konzerne sich fast ausschließlich nur noch an Quartalszahlen orientieren, und dass mittel- und langfristigen Zielen immer weniger Bedeutung beigemessen wird. Ein Unternehmen muss neben einer langfristigen Planung und finanziellen Stabilität trotzdem auch in der Lage sein, Ziele kurzfristig, aber mit sozialem Gewissen korrigieren zu können, so dass zumindest eine mittelfristige Strategie erkennbar ist.

WELCHE ART DES UNMORALISCHEN HANDELNS EMPÖRT SIE BESONDERS?

Überall dort, wo Handeln und Entscheidung ein „Geschmäckle" bekommen. Aktuell ist es die ganze Finanzwirtschaft. Wir sind froh, in der so genannten Realwirtschaft zu arbeiten. Wir handeln mit tatsächlichen Produkten und nicht mit Versprechen oder Wetten. Die Finanzwirtschaft ist meiner Meinung nach zu einem riesigen Kasino verkommen. Die Politik wirkt auf Grund von Lobbyismus derzeit sehr hilflos und scheint nicht in der Lage, entsprechende Einschnitte machen zu können oder zu wollen. Das wirkt sich demotivierend auf die Realwirtschaft aus – ist sie doch auf die Unterstützung der Finanzwirtschaft angewiesen. Die Richtlinienkompetenz der Politik müsste mehr Sorge dafür tragen, dass Banken zu ihrer ursprünglichen Funktion zurück kehren. Nämlich die Finanzierung der Realwirtschaft.

WELCHE WERTE VERKÖRPERT FÜR SIE DER DEUTSCHE MITTELSTAND?

„The German Mittelstand", früher oft belächelt, wird heute von vielen Industrienationen bewundert und als das starke Rückgrat der deutschen Wirtschaft anerkannt. In Frankreich ist „le Mittelstand" inzwischen ein fester Begriff geworden und auch im Englischen hat sich der Begriff „Mittelstand" etabliert. Selbst in der Geschäftswelt der USA hat man erkannt, dass nicht mehr nur das, was „big" ist, auch „beautiful" ist. The German Mittelstand tut aber gut daran, sich weniger auf das Lob als vielmehr auf seine Aufgabe zu konzentrieren und innovativ zu bleiben. Dann wird Deutschland auf Sicht weiter führend in der Welt bleiben können. Helmut Schmidt hat bereits in den 70er Jahren gesagt, dass sehr bald auch in Afrika gute Kühlschränke gebaut werden können. Deutschland muss dafür Sorge tragen, dass wir diese entwickeln und die Produktion anderen überlassen. Das bedeutet aber auch, dass die Politik die Rahmenbedingungen für ein gutes Bildungssystem schaffen muss. Eines, bei dem möglichst keiner auf der Strecke bleibt.

MIT WELCHEN GELEBTEN WERTEN WÄRE DER MITTELSTAND IHRER EINSCHÄTZUNG NACH NOCH STÄRKER?

Insbesondere bei Familienbetrieben habe ich häufig den Eindruck, dass Emotionen einen größeren Einfluss haben, als „mathematisch-sachliche" Entscheidungen. Auch in einem Familienunternehmen ist man auf Gegenseitigkeit angewiesen – es geht nicht ohne die Mitarbeiter und umgekehrt. Ein Generationenwechsel ist meist eine sehr problematische Situation, die Alten können nicht loslassen und den Jungen fehlt, aus unterschiedlichen Gründen, die Erfahrung. Solch eine Umstellung wird von der Belegschaft sehr sensibel wahrgenommen, schafft häufig Verunsicherung und wirkt sich unter Umständen negativ auf die Kraft und den Erfolg aus. Gute, solide Unternehmen geraten gerade in solchen Situationen auf Abwege und merken nicht, dass sie über ihren eigenen Stolz stolpern. Hilfe und Leitlinien für Familienunternehmen sind vor allem gelebte Werte. Ähnlich einer Verfassung lassen sich Werte auch als Regeln interpretieren, nach denen sich auch der Eigentümer zu richten hat.

DER WEG ZU DEN BROTHER-WERTEN

Für das Unternehmen Brother steht der Kunde an erster Stelle. Seine Aufgabe sieht das Unternehmen darin, für den Kunden durch die schnelle Entwicklung und Lieferung hochwertiger Produkte Werte zu schaffen und dabei das eigene Motto zu demonstrieren: „At your side."

„ ‚At your side' ist per Definition die Corporate Message der Brother Group."

Wie kam nun die Unternehmensgruppe zu diesem Wert? „'At your side' ist ein Claim, der aus den gelebten Werten entwickelt wurde, nicht umgekehrt", erklärt Matthias Kohlstrung, Direktor Vertrieb und Marketing der Brother International GmbH in Bad Vilbel. „Die Produkte von ‚Brother' sollen allen Kunden wie ein Bruder zur Seite stehen. Unauffällig und absolut zuverlässig."

Der Unternehmensname „Brother" wurde im Jahr 1928 erstmals für eine Kettenstichnähmaschine eingesetzt, mit der sich Strohhüte herstellen ließen. Strohhüte, das war es, was die Reisbauern dringend brauchten. Ein Produkt, das weder besonders aufregend, noch besonders innovativ oder technisch kompliziert gewesen wäre. Und doch bringt es genau das zum Ausdruck, wofür sich die Brother Group seit jeher einsetzt: Die Entwicklung von Produkten, die sich Kunden wünschen. Um den zentralen Claim „At your side" wurden immer wieder neue Wertekataloge entwickelt: Werte, die die Wertschöpfung betreffen. Spezielle Markenwert-Elemente, grundlegende Richtlinien und Verhaltensgrundsätze. Eine Ausnahmestellung kommt hier dem Wertekatalog „B-DNA – What ist the Brother Way" zu (2008). Dieser Wertekatalog definiert die Werte-Gene des Unternehmens: Innovation, Quality, Vision, Front Line, Challenge. Diese Werte wurden nicht von der Konzernzentrale ausgegeben, sondern von einem Redaktionsteam aus 130 Interviews mit Brother-Mitarbeiterinnen und -Mitarbeitern herauskristallisiert. 30 „Dramen", die die Autoren – allesamt selbst Angestellte der Brother Group – im Rahmen ihrer Recherchen aufgeschrieben hatten, wurden für das Buch ausgewählt, um die besonderen Brother-Werte zu illustrieren. Im folgenden Abschnitt stellen wir diesen Wertekanon vor.

„Für uns bei Brother steht der Kunde stets im Vordergrund, das liegt uns förmlich in den Genen; unsere Aufgabe sehen wir in der Entwicklung hochwertiger, ehrlicher Produkte und Dienstleistungen. Diese geistige Grundeinstellung kommt in allen Bereichen unseres Unternehmens zur Anwendung."

Corporate Mitteilung

BROTHER: KUNDENBEGEISTERUNG IM MITTELPUNKT

Anlässlich seines 100. Geburtstags haben Brother-Mitarbeiter ihr Unternehmen einer Art Gentest unterzogen. Sie wollten wissen, welche Werte es sind, die von Generation zu Generation weiter gegeben werden, und welche Werte Brother erfolgreich machen.

Innovation: Wer bei Brother arbeitet, der arbeitet im Team, sucht immer wieder nach unorthodoxen Perspektiven auf Probleme und gibt nicht auf, bis er eine Lösung für den Kunden gefunden hat.

Vision: Brother will für den Kunden vor allem eins sein: „At your side." Dabei strebt das Unternehmen nach immer neuen, besseren Lösungen.

Quality: Brother legt Wert auf langfristig angelegte, stabile Kundenbeziehungen nach dem Motto der Brother-Gründer: „Superior quality, diligent service." („Höchste Qualität, sorgfältiger Service.")

Challenge: Brother hat es sich zur Aufgabe gemacht, immer wieder neue Märkte zu erschließen. So ging das Unternehmen im vergangenen Jahrhundert den Weg von der Feinmechanik zur Elektronik und in diesem Jahrhundert den Weg von der Realität zur Virtualität: Futuristische Produkte wie Online-Karaoke oder Retina-Projektoren sind nur zwei Beispiele dafür, wie Brother daran arbeitet, das möglich zu machen, was lange für unmöglich gehalten wurde.

Front Line: Dieser Wert lässt sich vielleicht am besten mit „Vor Ort" übersetzen. Brother will Probleme dort lösen, wo sie auftreten – sei es im Unternehmen des Kunden oder auf den Märkten selbst.

LEITSÄTZE

Die „Globale Charta der Brother Gruppe" wurde 1999 gemeinsam mit Mitarbeitern in Japan formuliert und zuletzt 2008 überarbeitet, um sie noch besser verständlich zu machen. Die Charta stellt die Grundlage für alle Aktivitäten der Brother-Gruppe auf dem Weltmarkt dar. Alle Brother-Unternehmen und jeder einzelne Mitarbeiter ist verpflichtet, auf der Basis der „Grundlegenden Richtlinien" und der „Verhaltensgrundsätze" zu handeln und zu entscheiden. Hier die Charta im Original, die übrigens als „Charta-to-Go" im Hemdtaschenformat für jeden Mitarbeiter gedruckt wurde.

GRUNDLEGENDE RICHTLINIEN

1. MANAGEMENT

- Grundlegendes Prinzip der Brother Gruppe ist es, dass der Kunde immer an erster Stelle steht und wir ihm hochklassige Waren und Dienstleistungen bieten, die ihm einen besonderen Wert vermitteln.
- Die Brother Gruppe gibt klare Ziele vor, setzt auf selbstbestimmtes Handeln unserer Mitarbeiter und auf globale Lösungen, um einen erstklassigen Managementstandard zu erreichen.
- Das Management der Brother Gruppe hat die weltweite Situation stets im Blick, stellt sich selbstbewusst jeder Herausforderung und reagiert schnell auf die Anforderungen und Erwartungen eines globalen Marktes.
- Die Brother Gruppe ist in ihren gewählten Geschäftsbereichen erfolgreich, durch kundenorientierte, globale Strategien, durch eine transparente Informationspolitik und durch bestmögliche Nutzung von Synergien, die durch die enge Kooperation möglich sind.

Globale Charta
der Brother Gruppe
brother
Wirtschaftshandbuch Polen

2.WACHSTUM

- Das Wachstum der Brother Gruppe beruht letztlich darauf, dass sie hochwertige Waren und Dienstleistungen anbietet und so Kunden gewinnt und bindet.
- Die Brother Gruppe nutzt ihr erfolgreiches Wachstum und investiert maßgeblich, um

  die Möglichkeiten der Wertschöpfung für unsere Kunden auszubauen;

  unsere Mitarbeiter zu belohnen und Gelegenheiten zur beruflichen Weiterbildung zu bieten;

  die Arbeitsbeziehungen mit unseren Geschäftspartnern zu festigen;

  unsere Aktionäre an unseren Gewinnen zu beteiligen;

  zum Wohl örtlicher Gemeinschaften beizutragen;

  uns für den globalen Schutz der Umwelt einzusetzen und

  um weiterhin Kunden, Mitarbeiter und Aktionäre zu gewinnen und an uns zu binden.
- Dieser kontinuierliche Zyklus von Wachstum und Investition steigert den Konzernwert der Brother Gruppe und das Selbstbewusstsein unserer Mitarbeiter und ebnet den Weg der Brother Gruppe in eine erfolgreiche Zukunft.

3.STRUKTURELLE VERANTWORTUNG

- **Kunden:** Der Kunde steht bei der Brother Gruppe an erster Stelle. Immer und überall. Damit setzt die Brother Gruppe ihren Leitspruch in die Tat um: „At your side". Die Brother Gruppe stellt schnell und zuverlässig hochwertige Waren und Dienstleistungen bereit. Damit gewinnt sie die Loyalität ihrer Kunden, erreicht stabile Arbeitsbeziehungen und langfristige Kundenbindungen.
- **Unsere Mitarbeiter:** Die Brother Gruppe respektiert Vielfalt und setzt sich für eine Arbeitsumgebung ein, in der unsere Mitarbeiter ihre Talente und Fähigkeiten optimal entfalten können. Die Brother Gruppe bietet ihnen dafür anspruchsvolle Gelegenheiten als auch attraktive Verdienstmöglichkeiten. Im Gegenzug wird von unseren Mitarbeitern erwartet, dass sie sich als produktive Angehörige

der Gesellschaft begreifen, sich mit den Werten des Unternehmens identifizieren, für das Erreichen ihrer Ziele kämpfen und damit letztlich dazu beitragen, dass unser Unternehmen erfolgreich bleibt.

- **Unsere Geschäftspartner:** Die Brother Gruppe bietet Kunden hochwertige Lösungen und Leistungen an. Die Beziehungen zu unseren Geschäftspartnern sind von Fairness und Respekt geprägt und zielen auf gemeinsames Wachstum.
- **Unsere Aktionäre:** Die Brother Gruppe verwendet das von den Aktionären bereitgestellte Kapital, um den Konzernwert nachhaltig zu steigern. Indem die Brother Gruppe ihren Anteilseignern regelmäßig ihre Unternehmenspolitik offenlegt, sorgt sie für eine langfristige und von Vertrauen geprägte Beziehung zwischen Unternehmen und Aktionären.
- **Örtliche Gemeinschaften:** Die Brother Gruppe strebt danach, sich auch als Unternehmen stets gesellschaftlich verantwortlich zu engagieren. An ihren Standorten bringt sie ihr soziales, wirtschaftliches und kulturelles Kapital in die örtlichen Gemeinschaften ein.
- **Umweltschutz:** Die Brother Gruppe trägt zur nachhaltigen Entwicklung der Gesellschaft bei, in dem sie entschieden, konsequent und in allen Aspekten die Auswirkungen ihrer Geschäftstätigkeit auf die Umwelt berücksichtigt.

VERHALTENSGRUNDSÄTZE

1. **Vertrauen und Respekt:** Wir respektieren den Einzelnen und die Vielfalt. Unser Handeln ist von Vertrauen und Respekt geprägt.
2. **Ethik und Moral:** Integeres Handeln bedeutet, die Kultur, die Regeln und den Geist der Gesetze in den Ländern und Regionen zu achten, in denen die Brother Gruppe tätig ist.
3. **Sich Herausforderungen stellen und schnell reagieren:** Wir müssen uns immer neu den Anforderungen einer sich schnell wandelnden Welt anpassen. Mit hohem Anspruch an die eigene Arbeit und einem Höchstmaß an Verantwortung müssen wir schnell Entscheidungen treffen und sie umsetzen.

WIE WERTE WIRKEN

„AT YOUR SIDE".

Die Brother Gruppe betrachtet die Aussage **„Kunde zuerst"** als eine so umfassende Leitlinie der gesamten Unternehmenstätigkeit, dass sie Produktplanung, Entwicklung, Design, Herstellung, Verkauf und Service einschließt. Um diesen Anspruch wirksam werden zu lassen, hat Brother ein eigenes Management-System eingeführt: das „BVCM/ Brother Value Chain Management" oder „Management der Brother Wertekette". Diese Wertekette schließt Anforderung, Ausführung und Angebot systematisch zusammen: Ausgehend von dem, was der Kunde will, werden Produkte erforscht und geplant („Wertewahl"), dann entwickelt („Werteschaffung") und schließlich hergestellt, vertrieben und vor Ort betreut („Werteangebot"), womit sich der Kreis wieder beim Kunden schließt.

Management der Brother Wertekette

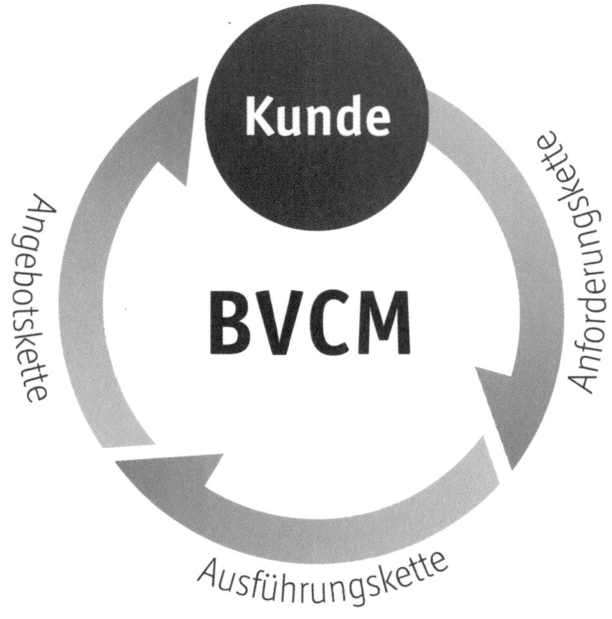

„At your side" bezieht sich aber auch auf die **eigenen Mitarbeiter.** Brother legt hier großen Wert auf stabile und langfristige Beziehungen. „Wir wollen das Know-how im Unternehmen halten", erklärt Matthias Kohlstrung, Direktor Vertrieb und Marketing. Seit den 1960er Jahren schon setze sich das Unternehmen für die Altersvorsorge seiner Mitarbeiter und für humane Arbeitszeiten wie zum Beispiel die 37,5-Stunden-Woche ein. Ungewöhnlich für ein japanisches Unternehmen ist die große Nähe, die Toshikazu Koike zulässt, Representative Director und Präsident der Brother Industries Ltd.. Mit ihm kann prinzipiell jeder Mitarbeiter in Verbindung treten. „Terry" (dieser Rufname stammt aus Koikes Zeit in den USA) beantwortet Fragen direkt über das Intranet. Regelmäßig meldet er sich auch mit Interviews zu Sozial- und Umweltthemen zu Wort.

„Es geht bei uns immer um die Anwendung. Nicht um die Technik an sich."

Jörg-Stefan Schmitt, Leiter Unternehmenskommunikation

Fairness und Service schreibt Brother auch für seine Beziehungen zum **Fachhandel** groß. „Kompetente, engagierte und lösungsorientierte Beratung ist der beste Weg zur Kundenzufriedenheit", betont Geschäftsführer Lothar Harbich. Ein partnerschaftlicher Umgang sei dafür die beste Voraussetzung.

Deshalb setzt Brother nicht auf Direktvertrieb, sondern auf einen Verkauf durch Fachhandel und Systemhäuser. Eine transparente und konsequente Preispolitik und aktive Marketingunterstützung zur Margensicherung unterstützt langfristige Partnerschaften. Das Brother Service-, Projekt- oder Special-Solution-Team sorgt für individuelle Beratung und Account Manager unterstützen Kunden vor Ort.

„Wir sind Asiaten. Wir schauen uns den Markt an, kopieren das Beste und setzen noch eins drauf."

Matthias Kohlstrung, Direktor Vertrieb und Marketing

VOM MARKTFOLGER ZUM MARKTFÜHRER

Brother ist kein Unternehmen, bei dem Kunden aus anderen Kontinenten einfliegen, um als einer der ersten die neueste Version eines must-have-gadgets zu ergattern. Brother tickt anders: Es erzielt seine Erfolge mit unscheinbaren Mitteln. Es punktet mit Innovationen, die besonders einfach, besonders zuverlässig oder besonders klein sind. Oder die zwei (oder mehr) Funktionen erstmals in einer Maschine unterbringen: Seien es Nähen und Sticken, oder Drucken, Faxen, Scannen und Kopieren. Brother zählt heute zu den Marktführern bei folgenden Produkten: Haushalts-, Näh- und Strickmaschinen, Laser- und Tinte-Multifunktionsgeräten, Beschriftungsgeräten, Laser-Faxgeräte, mobilen Druckern und Schreibmaschinen.

„Ob wir Technik mit Tinte, Laser oder Kartoffeldruck anbieten – das ist den Kunden egal. Hauptsache, unsere Produkte sind sinnvoll, praktisch und preisgünstig."

Alois Paul Schalk, Leiter Produktmanagement

WERTE LEBEN: DIE BESTEN PROJEKTE

Die Brother Group ist bekannt für ihr großes soziales Engagement und für ihren Einsatz für die Umwelt – wobei viele Projekte soziale mit ökologischer Verantwortung verbinden. CSR ist neben vielen anderen Inhalten Bestandteil der Globalen Charta von Brother.

„BROTHER EARTH"

Unter dem Motto „Brother Earth" bemüht sich das Unternehmen, „zu einer nachhaltigen Entwicklung zu finden, indem sie die Umweltauswirkungen bei allen Aspekten ihrer Geschäftstätigkeit positiv und kontinuierlich berücksichtigt", erklärt Direktor Toshikazu Koike.

Auf der Webseite www.brotherearth.com stellt das Unternehmen seine Umweltaktivitäten in Kanada, Mittel- und Südamerika, USA, Australien, Japan, China, Thailand, Madagaskar und Großbritannien vor und informiert über Umweltreferenzen der Brother-Produkte. Unter dem Motto „Klick für die Erde" können Besucher der Webseite über die Verteilung von Mitteln aus einem von der Firma Brother bereitgestellten Umwelt-Fonds auf verschiedene Umweltschutzprojekte selbst abstimmen.

Beispiel Brother „Eco-Reward-Initiative": Im Sommer 2010 hat Brother Europa mit der „Eco-Reward-Initiative" sein bestehendes Recyclingsystem für leere Tinten- und Tonerpatronen um eine Bonuskomponente erweitert. Für je vier leere Tonerkartuschen beziehungsweise acht leere Tintenpatronen wird ein exotischer Baum im peruanischen Regenwald vor Abholzung geschützt. Mit dieser Baumpatenschaft, einer europaweiten Brother-Initiative, konnten bereits innerhalb des ersten Jahres eine halbe Million Bäume auf einer geschätzten Fläche von 45 Quadratkilometern geschützt werden – eine Fläche doppelt so groß wie der Frankfurter Flughafen.

Ein Projekt, das soziale und ökologische Verantwortung verbindet, hat Brother 2009 in Kooperation mit der Organisation „Cool Earth" gestartet, die sich in mehreren

Amazonasländern für den Schutz des Regenwaldes einsetzt. Durch den Schutz des einzigartigen und unersetzbaren Ökosystems des Regenwaldes wird den dort lebenden Menschen eine nachhaltige Lebensweise ermöglicht. Eines der Partnerschaftsprojekte von Brother Europa unterstützt zum Beispiel das Volk der Ashaninka Indianer. Die traditionellen Ashaninka Indianer leben in Peru und betreiben in nachhaltiger Weise Ackerbau zum Anbau von Gemüse sowie Kaffee, Kakao und Zuckerrohr.

SOZIALES ENGAGEMENT

Brother hat es sich zur Aufgabe gemacht, bei Naturkatastrophen Betroffenen zu helfen und Hilfsorganisationen beim Wiederaufbau zu unterstützen. So hat die Unternehmensgruppe aktuell mit bisher rund 1,3 Millionen US Dollar, Hilfe für die Opfer des verheerenden Erdbebens im März 2011 in Japan geleistet. Doch nicht nur hier ist Brother „at your side“. In den vergangenen Jahren engagierte sich das Unternehmen mit großzügigen Geldspenden für diverse Hilfs- und Wiederaufbauprojekte:

- 143.000 US Dollar für die Opfer der Flutkatastrophe in Deutschland (2002)
- 50.000 US Dollar - Wiederaufbau nach Tsunami in Indonesien (2004)
- 65.000 US Dollar - Hilfe für die Opfer des Cyclons in Bangladesh (2007)
- 20.000 US Dollar für den Wiederaufbau nach den Waldbränden in Kalifornien (2007)
- 178.754 US Dollar für die Opfer des Erdbebens in China in der Provinz Sichuan (2008)
- 30.000 US Dollar für den Wiederaufbau nach dem Taifun Morakot in Taiwan (2009)
- 50.000 US Dollar zum Wiederaufbau nach Erdbeben in Chile (2010)
- 50.000 US Dollar nach Erdbeben in der Provinz Qinghai, China (2010)
- 50.000 US Dollar für Erdbebenhilfe in Haiti (2010)
- 50.000 US Dollar für Erdbebenopfer in Neuseeland (2011)
- 1.2 Millionen US Dollar - Hilfe für Japan (2011)

Insgesamt stellte die Brother Gruppe in den vergangenen zehn Jahren weltweit insgesamt rund zwei Millionen US Dollar als Hilfe bei Naturkatastrophen zur Verfügung.

In vielen Regionen der Welt engagiert sich Brother darüber hinaus als „corporate citizen". So spendete zum Beispiel Brother Machinery Xian in Kooperation mit einer unabhängigen Hilfsorganisation Industrienähmaschinen an die Weinan Peihua Art School, die in einer ländlichen Gegend Chinas gelegen ist. Hier können junge Frauen den Umgang mit Nähmaschinen lernen. Das Programm läuft seit 2008 und soll die Wirtschaft vor allem in Gegenden ankurbeln, in denen viele Menschen abgewandert sind, um Arbeit in den großen Städten zu finden.

„Wir respektieren den Einzelnen und die Vielfalt. Unser Handeln ist von Vertrauen und Respekt geprägt."

Aus den Brother-Verhaltensgrundsätzen

UNSERE ERFAHRUNG FÜR DEN DEUTSCHEN MITTELSTAND

- Es sinc die gelebten Werte, die ein Unternehmen mit seinen Mitarbeitern, mit seinen Kunden und Geschäftspartnern verbindet.
- Werte geben Mitarbeitern Orientierung, sie ermöglichen eine starke Identifikation mit dem Unternehmen und für Motivation.
- Verstöße gegen gemeinsame Werte müssen sanktioniert werden – schnell und konsequent.
- Nachhaltige Innovationen lassen sich oft mit ganz kleinen, unscheinbaren Mitteln erzielen.
- Profit ist kein „böses Wort". Wer viel gewinnt, kann auch viel bewirken.

Always at your side
brother
QL-580N
NETWORK Label Printer
At your side

NORDMANN UNTERNEHMENS-GRUPPE

Die Erfahrung dreier Generationen im Getränkehandel, in der Landgastronomie und Landwirtschaft, feste Wurzeln in der norddeutschen Heimat – das gibt den Nordmann-Brüdern heute den Halt und die Kraft, ihre Unternehmensgruppe auszubauen und immer wieder zu verändern. Ganz nach dem Motto: „Alles fließt."

alles fließt *seit 1908*

NORDMANN
UNTERNEHMENSGRUPPE

Die Nordmann Unternehmensgruppe blickt auf mehr als 100 Jahre Unternehmensgeschichte zurück. In dieser Zeit hat sich Nordmann von einem Ein-Mann-Biervertrieb mit Pferdekutsche zu einem Verbund aus 35 Unternehmen entwickelt, der Getränke nicht nur vertreibt, sondern auch herstellt und vermarktet, der Gastronomie und Hotellerie umfasst und der sich mit Bildungseinrichtungen, Bio-Lebensmittelproduktion und -vermarktung für ökologische Themen einsetzt.

Positioniert hat sich die Unternehmensgruppe vor allem im Norden Deutschlands: von Sylt über Kiel bis Stralsund, von Berlin über Göttingen bis Bremen. Nordmann sieht sich als Absatzmittler im Getränkegroß- und Einzelhandel, als Vermarkter optimierter Sortimente mit effizienten Lieferprozessketten und als Netzwerker, der seine Partner mit Vermarktungs- und Abwicklungssystemen unterstützt. Und das erfolgreich: Im Jahr 2010 haben 605 Mitarbeiter einen Umsatz von rund 285 Millionen EUR (ohne Beteiligungen) erwirtschaftet.

GESCHÄFTSFELDER

GROSSHANDEL

Zur Nordmann Unternehmensgruppe zählen vier Getränkefachgroßhandlungen sowie die Getränkeverbundgruppe NGV mit ihren 17 Systempartnern und zehn Getränkehandelspartnern. Standorte: Wildeshausen, Stralsund, Berlin, Pasewalk und Hamburg (NGV-Getränkegruppe).

Daten & Fakten:
- 5.500 Kunden,
- 4,2 Millionen Hektoliter Absatz pro Jahr,
- 2.300 verschiedene Produkte.

EINZELHANDEL

Als Einzelhändler für Getränke ist Nordmann bereits seit 1974 aktiv. Die Gruppe setzt heute auf Franchise-Partner, die gezielt mit Verkaufsförderungen, IT-Services und bei Abrechnung und Finanzierung unterstützt werden.

- **Zisch:** Mit rund 7 Getränkemärkten ist „Zisch" der Getränkegroßmarkt einer neuen Generation,
- **GetränkePartner:** Mehr als 1.000 eigenständige Getränkemärkte im GP Franchise- und GAM-Kooperationssystem,
- **GP-C&C:** Joint-Venture mit Lekkerland, beliefert rund 10.000 Tankstellen in ganz Deutschland,
- **NEV:** Das „Zentralhirn" des Einzelhandels für alle Daten, Zentraleinkauf und Marketing.

Vertriebsgebiet:
- Mecklenburg / Vorpommern,
- Berlin / Brandenburg,
- Hamburg,
- Bremen,
- Schleswig / Holstein,
- Niedersachsen.

GASTRONOMIE UND FOOD: NORDMANN FINEFOOD

Die Nordmann Fine Food GmbH etabliert nachhaltige Food- und Gastronomie-Systeme. Sie engagiert sich für Produktion und Vermarktung regionaler Lebensmittel aus nachhaltiger Landwirtschaft. Sie unterstützt die Produktion ökologischer Delikatessen der Marke „LandWert", das Restaurant „LandWert deli", einen ökologischen Schulbauernhof zur Ernährungsbildung in Stahlbrode und das Bio-Hotel „meerSinn" in Binz mit angeschlossenem Gesundheitszentrum artepuri med. In jüngster Zeit hat die „Kron-Lastadie Bastion" das Portfolio erweitert: ein historischer und denkmalgeschützter Kanonenschuppen im Zentrum von Stralsund, der in ein modernes, auf nachhaltige Produkte und Gastronomie spezialisiertes Zentrum verwandelt wird.

In eigenen Hotels und Restaurants entwickelt und testet Nordmann Gastronomie-Konzepte und innovative Services. Standorte:

- **artepuri Hotel meerSinn,** Binz, bietet „Wohlfühlmedizin in Urlaubsatmosphäre",
- **Fritz Gastronomie** mit dem Motto „von Bauer & Brauer": Verwendung von ökologischen Nahrungsmitteln und Getränken.

GETRÄNKE MARKEN

Die Nordmann Unternehmensgruppe verfolgt bei Marken und Produkten einen ganzheitlichen und nachhaltigen Ansatz, der die gesamte Prozesskette umfasst: von der Produktion über Logistik, Verpackung und Distribution bis zur Vermarktung am Point-of-Sale. Eigene Marken:

- Ratsherrn: Hanseatisches Bier,
- Bios: Bio-Erfrischungsgetränk,
- Alosa: Mineralwasser Classic, Medium und Still,
- Loona: Erfrischungsgetränke.

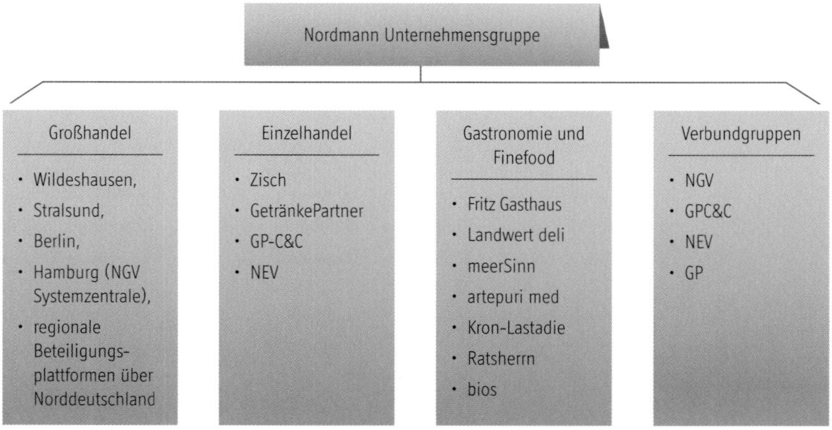

ZEITTAFEL

Fritz Nordmann I

1908 Gründung des ***Bierverlags Nordmann*** in Twistringen | Geburt Fritz Nordmann II.

1918 Umzug nach Wildeshausen | Erwerb der Vertriebsrechte der ***Hemelinger Aktien-Brauerei.***

1926 nach Gründung des Stammhauses in der Sögestraße Anschaffung der ersten Abfüllanlage für Erfrischungsgetränke.

1950 Konzessionsvertrag mit der ***Sinalco AG*** | Anschaffung des ersten LKW.

1951 Eröffnung des Festzeltverleihs.

1957 Partnerschaft mit der Dortmunder ***Union-Brauerei, Apollinaris*** und der ***König-Brauerei.***

1959 Anschaffung einer modernen Limonaden-Abfüllanlage.

1972/73 Umzug zum Bargloyer Weg.

1974 Start in den Getränke-Einzelhandel | Grundstein für ***Zisch*** wird gelegt.

Das Stammhaus

1987 Übernahme der Firma ***Beckröge*** (Bremen).

1989 Kauf und Übernahme der ***Haake-Beck*** Niederlassung (Vechta).

1990 ***Getränke Nordmann*** Pasewalk | ***Getränke Nordmann*** Samtens/Rügen | Übernahme der ***Rolinck*** Niederlassung (Oldenburg).

1991 Übernahme der ***Stralsunder Brauerei.***

1992 ***Stralsunder Mineralbrunnen:*** Anerkennung als Mineralwasserquellen.

Abfüllanlage

1994 Eröffnung des Sudhauses der Stralsunder Brauerei | Eröffnung des ersten Zisch-Marktes in Stralsund.

1995 erster *Alter Fritz* in Stralsund und Greifswald.

1997 Kooperation mit *Quandt-Schön,* Gründung *NGV* | Flaschenbierabfüllung (Stralsunder Brauerei).

1998 *Alter Fritz* in Rostock | *Getränke Nordmann* Berlin-Brandenburg | Übernahme von *Bier-Klein* (Bremen).

1999 Gründung *Profi-Netzwerk* | Übernahme der Kuhlmann-Kunden in Twistringen | *GetränkePartner.*

2000 Einweihung *Alte Brauerei.*

2001 Kauf der Firma *Quandt* (Hamburg) | Eröffnung Museum „Firma Nordmann".

2002 *NGV KGaA* initiiert durch Haus Nordmann.

2003 Kauf der Firma *Quandt-Schön* | *Alter Fritz* in Binz.

2003/04 Eröffnung des Hotels *meerSinn,* Binz.

2004 laut Marktanalyse der „Brauwelt" (04/2004) die Nr. 1 in „nationaler Vermarktung" .

2006 Eröffnung *artepuri med Gesundheitszentrum* in Binz.

2008 Jubiläum 100 Jahre *Nordmann*

2009 Mitbegründung des *LandWert Schulbauernhof e.V.* | Realteilung der *Nordmann Unternehmensgruppe* (Abspaltung der *Stralsunder Brauerei).*

2010 Jubiläum 20 Jahre *Getränke Nordmann* in Mecklenburg-Vorpommern.

2012 Eröffnung *Kron-Lastadie Bastion*

WELCHE WERTE ZÄHLEN FÜR SIE, OLIVER UND FRITZ-DIETER NORDMANN?

Interview mit Oliver und Fritz-Dieter Nordmann,
Geschäftsführende Gesellschafter der Nordmann Unternehmensgruppe

IN WELCHER WERTEWELT SIND SIE AUFGEWACHSEN?

Hanseatisch-mittelständisch, weltoffen, innovativ und unabhängig! Wir haben früh Disziplin gelernt und früh Verantwortung im Familienbetrieb übernommen, indem wir zum Beispiel Getränke ausgeliefert, Feste ausgestattet, im Getränkemarkt und im Landgasthof mitgearbeitet haben. Nach bestandenem Führerschein sind wir auch – und gerne! – LKW gefahren. Als besonders streng möchten wir unsere Erziehung aber nicht beschreiben. Eher als authentisch: Dass sich alles um das Unternehmen, um die Kundschaft und die Feste in der Region drehte, war für uns eine Selbstverständlichkeit.

WELCHE WERTE SIND FÜR SIE HEUTE PERSÖNLICH GANZ BESONDERS WICHTIG? WOFÜR SETZEN SIE SICH LEIDENSCHAFTLICH EIN?

Verantwortlich und nachhaltig handeln – das ist unsere erste Priorität. Wir übernehmen Verantwortung für die gesunde Weiterführung unserer Unternehmensgruppe, indem wir die Keimzelle, den Kern des Unternehmens bestimmen und gesund weiterentwickeln. Mehr noch: Wir übernehmen Verantwortung für nachfolgende Generationen, indem wir die nachhaltige und faire Erzeugung guter Lebensmittel und Getränke unterstützen. Nicht zuletzt sehen wir hier einen Zukunftsmarkt.

Leidenschaftlich und miteinander arbeiten – das war uns schon immer wichtig. Wir wissen um die unterschiedlichen Fähigkeiten und Talente unserer Mitarbeiter, aber auch unserer Partner in der Getränkebranche. Hier spüren wir die Stärken und Talente auf und verbinden sie, ergänzen sie und schaffen Synergien. Leidenschaft heißt für uns auch, dass wir hier viel Kraft aufbringen: Es ist oft ein hartes Stück Arbeit, Kooperationen, Netzwerke oder Joint Ventures aufzubauen. Und es ist eine Herausforderung, auf Mitarbeiter individuell einzugehen und sie individuell zu fördern.

Wir sind überzeugt: Das Miteinander, die Stärken jedes Einzelnen zu nutzen ist ein Wert, der immer wichtiger wird in einer dynamischen und komplexen Arbeitswelt. Was uns dabei prägt, ist unsere unternehmerische Grundhaltung. Wir leben das Prinzip: Unternehmer im Unternehmen. Leitende Mitarbeiter bekommen außerordentlich große Gestaltungsspielräume und Entscheidungskompetenz. Talente können sich entfalten und eigenständig Unternehmensbereiche ausbauen oder gestalten.

Ein alter, gewachsener Wert ist bei uns die Geselligkeit. Wir unterstützen regionale Bräuche, Rituale, Festlichkeiten – wir feiern auch selbst zu jeder Gelegenheit mit unseren Kunden – und animieren unsere Mitarbeiter, daran teilzunehmen. Auf Festen und Feiern haben wir schon immer Kunden gewonnen, Mitarbeiter und Partner emotionalisiert.

WIE REAGIEREN SIE, WENN SICH MITARBEITER ODER AUCH GESCHÄFTSPARTNER NICHT NACH IHREN WERTVORSTELLUNGEN VERHALTEN?

Wir ziehen konsequent und zügig einen Schlussstrich. Illoyalität oder den Missbrauch unseres Vertrauens können wir nicht dulden. Uns ist wichtig, dass unsere Führungskräfte abteilungsübergreifend denken – hier kommt es leider immer wieder zu Fehlverhalten. Das widerspricht unserem Wert

„miteinander begeistert“. Allergisch reagieren wir auch auf Mitarbeiter, die zwar Freiräume nutzen, aber nicht die Verantwortung für ihr Handeln übernehmen wollen. Das widerspricht unserem Wert „verantwortlich zuverlässig“. Ebenso harsch geahndet werden Führungskräfte, die Mitarbeiter nicht gemäß unserer Kommunikations- und Führungsgrundsätze behandeln.

WELCHE ROLLE SPIELT DIE WERTEEBENE, WENN SIE NEUE MITARBEITER EINSTELLEN?

Eine zentrale Rolle. Wir arbeiten mit Auswahlverfahren, bei denen wir nicht nur die Fertig- und Fähigkeiten ermitteln, sondern auch die Werte, die Lebensmotive, die Charakterzüge oder die Verhaltenspräferenzen. Passt ein Mitarbeiter beispielsweise fachlich sehr gut, aber bringt die Verhaltensvoraussetzungen nicht mit, entscheiden wir uns gegen ihn.

HABEN SIE IN DER JÜNGEREN ZEIT (MÖGLICHERWEISE UNPOPULÄRE) ENTSCHEIDUNGEN GETROFFEN, BEI DENEN SIE SICH GANZ KLAR AN IHREN WERTVORSTELLUNGEN ORIENTIERT HABEN? WELCHE WAREN DAS KONKRET?

Ja, es gibt viele solcher Entscheidungen: Wir haben uns zum Beispiel von einer leitenden Führungskraft getrennt, die wirtschaftlich zwar erfolgreich war, aber illoyal und vor allem den Mitarbeitern gegenüber wenig vorbildlich.

Beim Einkauf unserer Ware für unsere eigenen Braugasthäuser haben wir uns dafür entschieden, ausschließlich Bio-Fleisch zu verwenden. Diese Entscheidung stieß bei den Controllern und der Gastronomie-Leitung auf wenig Begeisterung, weil sich der Einkauf um ein Vielfaches verteuert. Zweitens vermissten die Gäste die Haxe auf der Karte. Trotzdem haben wir uns so entschieden, weil wir es nicht mit unseren ethischen Grundsätzen vereinbaren können, Fleisch aus Massentierhaltung anzubieten.

Wenn Geschäftsführer gegen den Wert verantwortlich verstoßen, beispielsweise ihre Abteilungen nicht informieren oder Anfragen nicht beantworten, liegt ein klares Fehlverhalten vor.

WELCHE POSITIVEN EFFEKTE IHRER KLAREN WERTEORIENTIERUNG SEHEN SIE SCHON HEUTE IN IHREM UNTERNEHMEN?

Die positiven Effekte sehen wir nicht erst seit heute. Die Werteorientierung ist für uns eine lebenslange Aufgabe. Innovative Produkte und Dienstleistungen, starke Unternehmer im Unternehmen, effektive und widerstandsfähige Netzwerke und Verbundgruppen. Vor allem aber eine hohe Identifikation mit dem Unternehmen. Unsere Mitarbeiter lassen sich begeistern für unsere Dienstleistungen und Produkte und empfehlen diese auch nach außen. Viele Mitarbeiter schwärmen davon, bei Nordmann arbeiten zu dürfen und empfehlen uns auch als attraktiven Arbeitgeber weiter. Dies alles bedeutet, in schwierigen Zeiten gut aufgestellt zu sein. Wenn Werte nicht gelebt werden, kann sich eine Firma schnell negativ entwickeln. In einigen Unternehmen mussten wir dies selbst schmerzlich erleben.

WELCHE WERTE VERMISSEN SIE IN DER GLOBALEN WIRTSCHAFTSWELT AM MEISTEN? WELCHE ART DES UNMORALISCHEN HANDELNS EMPÖRT SIE BESONDERS?

Der Mensch steht nicht mehr im Mittelpunkt, sondern nur nackte Zahlen. Wie in der Natur müssen wir auch hier das Gleichgewicht behalten. Wir vermissen Verantwortlichkeit für das eigene Handeln und Transparenz und Ehrlichkeit. Es ist beispielsweise nicht hinzunehmen, dass aufwändige Marketingkampagnen von industriellen Fleischprodukten dem Verbraucher suggerieren, dass die Tiere ethisch korrekt behandelt wurden, wenn die Wahrheit dahinter eine andere ist. Wir finden es traurig, wenn Konzerne nach kurzfristiger Gewinnmaximierung streben, wenn sie mittelständische Unternehmen mit langjähriger Tradition aufkaufen und dann einfach schließen. Hier werden Werte vernichtet. Unsere eine Verbundgruppe für mittelständische Getränkefachgroßhändler NGV Hamburg haben wir initiiert, um Mittelständler nach dem Prinzip der Schwarmintelligenz wettbewerbsfähig gegenüber Konzernen zu machen.

WELCHE WERTE VERKÖRPERT FÜR SIE DER DEUTSCHE MITTELSTAND?

Für uns sind das vor allem diese sieben Werte: Qualität, Bodenständigkeit, Disziplin, Verantwortung, Verlässlichkeit, Präsenz und Vertrauen.

MIT WELCHEN GELEBTEN WERTEN WÄRE DER MITTELSTAND IHRER EINSCHÄTZUNG NACH NOCH STÄRKER?

Wir sind überzeugt davon, dass der Mittelstand stärker wäre, wenn er seine „Miteinander-Werte" ausbauen würde. Das heißt: Mitarbeiter fördern, Nachwuchskräfte früher und umfassender ausbilden – auch und gerade außerhalb der Schulen – , mehr Kooperation mit anderen Mittelständlern, um sich gegen größere Konzerne zu behaupten, und mehr Öffentlichkeitsarbeit, damit die Menschen im Land erfahren, wie stark wir wirklich sind.

NOLL-MIND
Sinalco
Sinalco
Sinalco

DER WEG ZU DEN NORDMANN-WERTEN

Die Nordmann Unternehmensgruppe wächst und verändert sich bereits seit 100 Jahren – doch in den vergangenen 20 Jahren hat es die meisten und entscheidenden Veränderungen gegeben.

Getrieben wurde diese Entwicklung einerseits durch die Wiedervereinigung Deutschlands, die gewissermaßen über Nacht die Erschließung ganz neuer Vertriebsgebiete möglich machte. Andererseits eröffnete die ökologische Wende im Denken und im Konsumverhalten die Chance, ganz neue Produkte im Markt zu platzieren: Von der Bio-Marmelade über den Schulbauernhof bis hin zum Gesundheits-Hotel.

„Es ist wichtig, beim Wachsen die gemeinsamen Wurzeln nicht zu verlieren."

Stefanie Nordmann, Geschäftsführerin der „Denkfabrik", Stralsund

Damit ist die Unternehmensgruppe stark in die Breite gewachsen. Eine Herausforderung für die Nordmann-Brüder, denen eine gemeinsame Wertebasis aller Führungskräfte und Mitarbeiter am Herzen liegt. „Wenn das Leitbild mit Werten und Zielen jedem Mitarbeiter in Fleisch und Blut übergeht, muss weniger geführt werden", erklärt Stefanie Nordmann, Inhaberin der „Denkfabrik Strategie- und Personalberatung" und Ehefrau von Oliver Nordmann. Sie hat die Nordmann Unternehmensgruppe dabei unterstützt, sich ein Leitbild zu geben. „Wir mussten nichts neu erfinden", unterstreicht sie. Bei den „Nordmännern" wurden bestimmte Werte seit 100 Jahren ganz selbstverständlich gelebt. Sie seien wie von selbst zu „Kraftfeldern" des Unternehmens geworden. Stefanie Nordmann: „Diese heimlichen Erfolgsfaktoren haben wir aufgeschrieben, um sie wieder bewusster zu machen."

„Werte bewusst zu Kraftfeldern machen."

Stefanie Nordmann, Geschäftsführerin der „Denkfabrik", Stralsund

In mehreren Workshops wurden die zentralen Begriffe erarbeitet, die das Leitbild des Unternehmens auf den Punkt brachten: „Leidenschaftlich Zukunft gestalten." Diese drei Worte zeigen, wofür Nordmann steht: Leidenschaftliches Unternehmertum, konsequente Orientierung an kommenden Chancen und die Kreativität, gemeinsam immer wieder etwas Neues zu beginnen.

„Wir mussten nichts neu erfinden."

Stefanie Nordmann, Geschäftsführerin der „Denkfabrik", Stralsund

Innerhalb der gesamten Unternehmensgruppe kann eine derartig prägnante Corporate Vision allerdings nur dann Zugkraft entwickeln, wenn jedes der Nordmann-Unternehmen im Hinblick auf diese Vision eigene Prinzipien und Mission Statements formuliert: Aussagen, die zu den jeweiligen Aufgaben und zu den verschiedenen Regionen passen, und mit denen jeder Mitarbeiter konkret etwas anfangen kann. Deshalb stehen alle Unternehmen innerhalb der Gruppe jährlich vor der Aufgabe, das eigene Leitbild zu überprüfen und weiterzuentwickeln.

Stefanie Nordmann, Geschäftsführerin der „Denkfabrik", Stralsund

Freiheit
Verantwortung
Innovation
Tradition
Kräfte bündeln
Erfolge multiplizieren
ALLES FLIESST

NORDMANN: ALLES FLIESST

Die Grundwerte der Nordmann-Gruppe finden sich in drei Spannungsfeldern, und zwar zwischen Innovation und Tradition, Freiheit und Verantwortung und zwischen individuellem Unternehmertum und wirtschaftlicher Vernetzung. Aus genau diesen Spannungsfeldern entsteht die enorme Produktivität, die jedes Nordmann-Unternehmen antreibt.

INNOVATION – TRADITION

Die Nordmann Unternehmensgruppe hat es sich zur ersten Aufgabe gemacht, Chancen aufzuspüren und zu nutzen. Das enorme Wachstum der Gruppe in den vergangenen 20 Jahren zeigt die große Wirksamkeit dieses Wertes. „Leidenschaftlich innovativ" will Nordmann sein, zugleich aber auch „gesellig traditionell". Jedes Nordmann-Unternehmen begreift sich als fest verwurzelt in seiner Region, es fördert vor Ort die Geselligkeit und das Miteinander der Menschen und unterstützt regionale Bräuche und Traditionen. „Wir wollen Lebensfreude und Zuversicht fördern", so Oliver Nordmann.

„Aus Erfahrung gut, aus Leidenschaft besser."

FREIHEIT – VERANTWORTUNG

„Wir handeln nach eigenen Maßstäben – unsere Kunden stets im Fokus behaltend. Wir besitzen die Energie und Kraft, unternehmerisch frei entscheiden zu können und nehmen uns die Freiheit, auch gegen den Strom zu schwimmen", so beschreibt Nordmann den Wert „unabhängig kraftvoll", der wie ein starker Motor im Unternehmen wirkt.

Pendant der unternehmerischen Freiheit ist die Verantwortung. Wir sind „verantwortlich zuverlässig", beschreibt Nordmann diesen Wert: „Wir leben unsere Stärken, aus

Fehlern lernen wir. Zuverlässigkeit und Verbindlichkeit sind unsere Kernwerte. Mit allen Ressourcen, insbesondere Mensch, Kapital und Umwelt, gehen wir respektvoll und nachhaltig um."

„Wir nehmen uns die Freiheit, gegen den Strom zu schwimmen."

KRÄFTE BÜNDELN – ERFOLGE MULTIPLIZIEREN

„Miteinander begeistert" – getreu diesem Wert setzt Nordmann auf „die Stärken, die Talente und das Verantwortungsbewusstsein" aller Mitarbeiter und Netzwerkpartner. „Das Netzwerk ist die Basis unseres Erfolgs", erklärt Oliver Nordmann. Deshalb werden die Begeisterung, Eigenständigkeit und Qualifikation der Intrapreneure systematisch gefördert. Nordmann sieht seine Intrapreneure als „Innovatoren in der Unternehmensgruppe, als Manager und Promoter für Ideen und Chancen". Die Gruppe unterstützt ihre Partner, indem sie Kompetenzen bündelt (zum Beispiel IT, Controlling, Marktforschung, Einkauf) und so allen den Rücken frei hält, damit diese sich auf das gemeinsame Ganze fokussieren können. „So kann sich jeder Netzwerkpartner auf seine Stärken konzentrieren und alles fließt zu einem erfolgreichen Ganzen zusammen", heißt es in der Nordmann Corporate Vision.

„Was wir alleine nicht schaffen, das schaffen wir dann zusammen."

LEITSÄTZE

Um die Grundwerte des Unternehmens zu konkretisieren, haben Fach- und Führungskräfte der Nordmann-Gruppe zusätzlich einen Katalog von Führungsgrundsätzen, Erfolgsprinzipien und Leitlinien für nachhaltiges Wirtschaften formuliert:

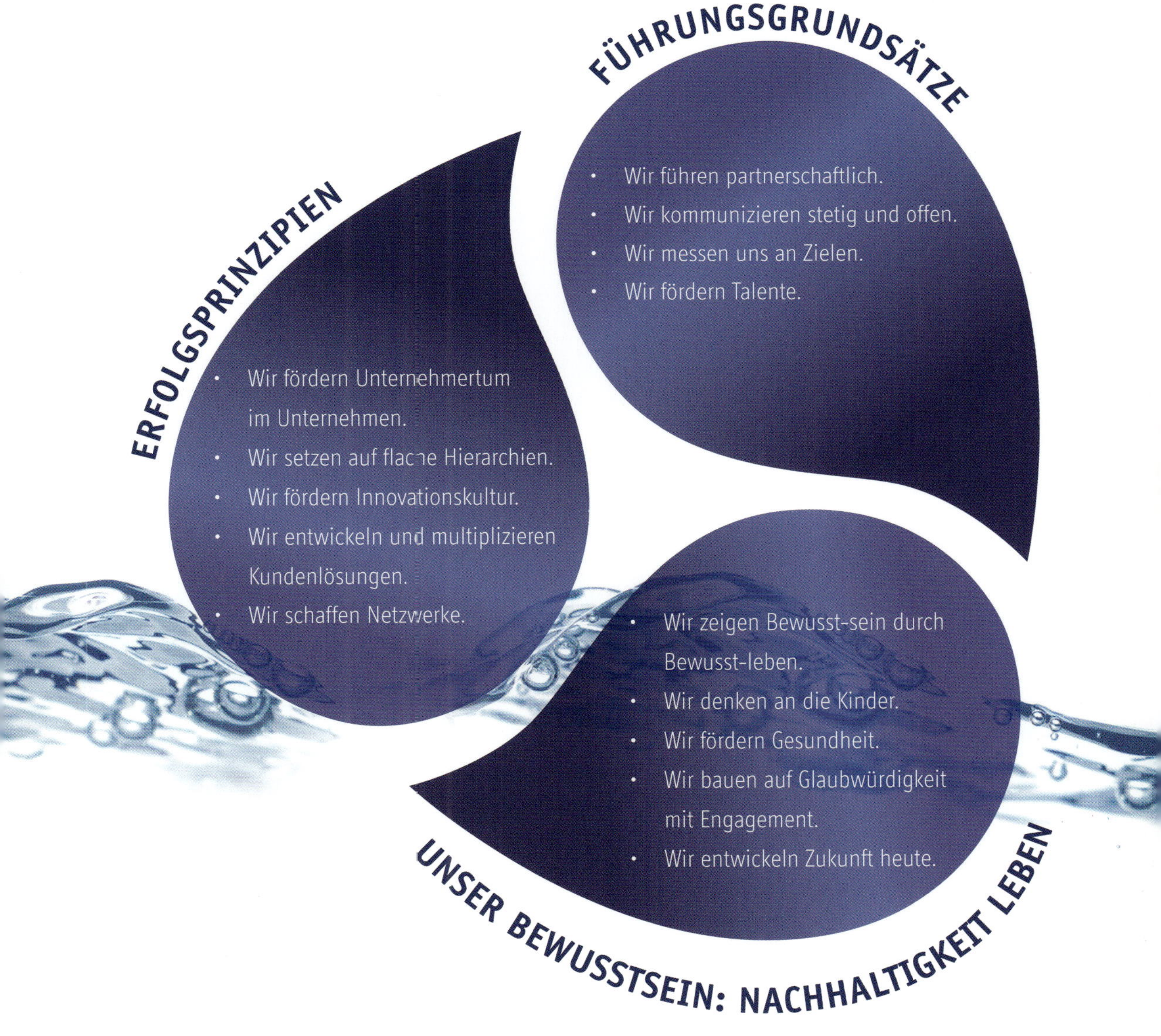

WIE WERTE WIRKEN

Die „Nordmänner" sehen sich als leidenschaftliche, unabhängige, verantwortliche, gesellige Geschäftsleute, die miteinander etwas Großes stemmen. Ihre Werte prägen die gesamte Unternehmensgeschichte und wirken als Kraftquelle bis in die Gegenwart.

INNOVATION/TRADITION

„Wir wissen genau, wo wir herkommen", sagt Oliver Nordmann. „Opa Fritz Nordmann und Oma Grete haben uns den Getränkehandel und die Getränkeproduktion mit in die Wiege gelegt. Auf der anderen Seite die Eltern unserer Mutter, die mit ihrem Landgasthof Segelken unser Gespür für die Gastronomie von Kindesbeinen auf geschult haben."

Die Nordmann-Gruppe hat es verstanden, ihre starke Bodenständigkeit mit innovativen, auf Nachhaltigkeit ausgerichteten Geschäftsfeldern zu verknüpfen: Dazu zählen die Produktion und Vermarktung von Bio-Feinkost und Bio-Getränken, dazu zählt aber auch das Hotel „meerSinn", das medizinische Versorgung mit Wellness verbindet.

Das Kerngeschäft der Nordmann-Gruppe liegt zwar – wie vor 100 Jahren schon – im Getränkevertrieb. Es sind aber die innovativen Impulse, mit denen sich die Gruppe immer wieder ins Gespräch bringt. Bei den Kunden, aber auch in der Öffentlichkeit.

Aktuell macht Nordmann mit einem ebenso innovativen wie mutigen Projekt von sich reden: Das Unternehmen engagiert sich für die Restauration der denkmalgeschützten „Kron-Lastadie Bastion" in Stralsund. Damit stärkt Nordmann die Tradition der Stadt und setzt zugleich einen innovativen Akzent: Ausgerechnet in diesen alten Gemäuern sollen im modernen Sinne nachhaltig erzeugte Produkte aus der Region vertrieben werden.

FREIHEIT/VERANTWORTUNG

Das enorme Wachstum der gesamten Unternehmensgruppe lässt sich nur erklären durch die gelungene Verbindung der Werte Freiheit und Verantwortung. Einerseits gibt Nordmann seinen Unternehmern im Unternehmen die wirtschaftliche Freiheit, die Unternehmer zu starken Leistungen antreibt. Andererseits hält die Gruppe ihren Intrapreneuren den Rücken frei – mit Services rund um IT, Controlling, Marketing, Einkauf – damit sie sich um das kümmern können, was zählt: ihr Geschäft.

Verantwortlich fühlt sich Nordmann auch für die Gesundheit der Mitarbeiter. „Wir haben uns vorgenommen, hier mehr zu tun", erklärt Stefanie Nordmann. Möglich sind hier Gesundheitsprogramme in Zusammenarbeit mit dem eigenen Gesundheitszentrum „artepuri med" in Binz.

KRÄFTE BÜNDELN – ERFOLGE MULTIPLIZIEREN

Der Netzwerk-Gedanke ist einer der Erfolgsfaktoren der Nordmann Unternehmensgruppe und der Grund, warum Nordmann als Arbeitgeber in den Regionen so beliebt ist. Gleichzeitig stellt er eine große Herausforderung dar: „Das Prinzip des Intrapreneurs ist für uns Verpflichtung und Ansporn zugleich", unterstreicht Oliver Nordmann.

Die gemeinsamen Werte treiben die Gruppe in eine gemeinsame Richtung nach vorn, zugleich müssen die Werte immer wieder bewusst gemacht und diskutiert werden. Um das zu erreichen, veranstaltet Nordmann seit 2009 jährlich eine „Infrastrukturtagung" mit rund 130 Teilnehmern aus der gesamten Unternehmensgruppe. Auch hier zeigt Nordmann Mut: Das Unternehmen forderte die Teilnehmer auf, eigene 90-Sekunden-Geschichten und Ideen auf Tischdecken zu skizzieren, um daraus frische Impulse für die Gruppe abzuleiten.

Das Gute bewahren,
ie Zukunft meistern.

WERTE LEBEN: DIE BESTEN PROJEKTE

Die Verantwortung für die Gemeinschaft ist in der Nordmann Unternehmensgruppe fest verknüpft mit der Hilfe zur Selbsthilfe für Unternehmer in den Regionen.

STÄRKUNG DER REGIONALEN WIRTSCHAFT

„Unser Vater Fritz Nordmann mochte die Menschen hier, sie waren ländlich geprägt, so wie wir auch", erkärt Fritz-Dieter Nordmann. „Er hat sie immer respektiert, versucht, ihnen zu helfen, Gastronomen und Einzelhändler ermutigt, den Weg in die Selbstständigkeit zu wagen." Damit hat Fritz Nordmann ein Stück dazu beigetragen, die Wirtschaft in den Neuen Bundesländern aufzubauen.

Ähnlich agiert Stefanie Nordmann heute, wenn sie sich für die Marke „LandWert" und die Vermarktungsplattform „Ländlichfein" engagiert. Hier geht es darum, kleine „Manufakturen" zu stärken, die gute Getränke und Lebensmittel fair und ökologisch erzeugen. „Ländlichfein" verpflichtet sich zur Erzeugung und Verarbeitung von hochwertigen, ökologischen Lebensmitteln aus Mecklenburg-Vorpommern und Grenzregionen, sowie Fisch und Fleisch aus regionalem, nachhaltigem Wildfang und regionaler Jagd.

„Ich habe großen Respekt vor Gastronomen, Köchen und Erzeugern, die sich mit ihrem ganzen handwerklichen Können um die Erzeugung und Verarbeitung ehrlicher, regionaler Lebensmittel bemühen und den Mut haben, diesen Weg konsequent zu gehen."

Stefanie Nordmann

In der „LandWert Feinkostmanufaktur" wird aus Ideen Genuss. Die Qualität beginnt bei der Auswahl bester Rohstoffe. Dabei ist die Regionalität ein entscheidender Faktor.

BILDUNG FÜR NACHHALTIGE ENTWICKLUNG

Die Nordmann-Gruppe engagiert sich für das ökologische Landwirtschafts- und Bildungsprojekt „LandWert" im Fischerdorf Stahlbrode. Das Projekt wurde 2008 von einer Erzeugergemeinschaft ins Leben gerufen, die sich für regionale, ökologische Landwirtschaftsprodukte einsetzt. Der Hof bewirtschaftet rund 650 Hektar Ackerland, hält Rinder und Schweine, veredelt Fleisch- und Wurstprodukte und bewirtet Gäste in der Hofküche mit den Produkten aus den hauseigenen Manufakturen.

Der Verein „LandWert Schulbauernhof e.V." setzt sich seit 2008 dafür ein, für Kinder einen Lernort außerhalb ihrer Schulen aufzubauen. Einen Ort, an dem sie sich mit der Herkunft ihrer Lebens-Mittel, mit dem Umgang mit Pflanzen und Tieren und mit gesunder Ernährung befassen können. Der Schwerpunkt der Arbeit mit den Kindern liegt auf dem „Selbst tun und selbst verstehen", um eine nachhaltige Veränderung des Umwelt- und Ernährungsverhaltens der Kinder zu bewirken.

Auf dem „LandWert Schulbauernhof" treten die Kinder selbst als Bauern, Gärtner, Bäcker und Köche in Aktion. Sie erleben Gemeinschaft, entdecken die Schätze der Natur und Lernen durch begreifen.

SCHUTZ VON NATUR UND MEER

Eine besondere Idee setzte die Nordmann-Gruppe im Herbst 2009 mit dem Ostsee-Aquarium Ozeanum in Stralsund um: Es förderte den Aufbau eines 68.000 Liter fassenden Aquariums, das einen Schwarm mit 2.000 Heringen präsentiert. „Jedes Jahr ziehen Heringe zu Tausenden durch den Strelasund und stehen somit in enger Verbindung mit der Hansestadt Stralsund", informiert das Ozeanum. „Doch niemand hat je die Gelegenheit, sie so kompakt in ihrer natürlichen Schönheit zu erleben." Die Heringe waren von Museumsmitarbeitern mit einem besonderen Verfahren aus dem Strelasund geangelt und sukzessive in das Aquarium umgesiedelt worden. Nordmann entschied sich für die Kooperation, um die Attraktivität Stralsunds zu stärken und um einen Impuls für nachhaltiges Leben und Lernen zu setzen. Letztendlich steht der Heringsschwarm auch sinnbildlich für die „Schwarmintelligenz" – ein Leitmotiv im Netzwerk der Unternehmensgruppe.

2.000 Heringe haben im „Nordmann-Becken“ des Ostsee-Aquariums Ozeanum in Stralsund eine neue Heimat gefunden.

Dr. Harald Benke (Geschäftsführer Ozeanum), Dr. Nicole Kube (Aquarienleiterin), Thomas Arndt (Vertretungsberechtigter Geschäftsführer der Nordmann Unternehmensgruppe) und Lars Gräning (Marketingleiter der Nordmann Unternehmensgruppe) vor dem „Nordmann-Heringsbecken“.

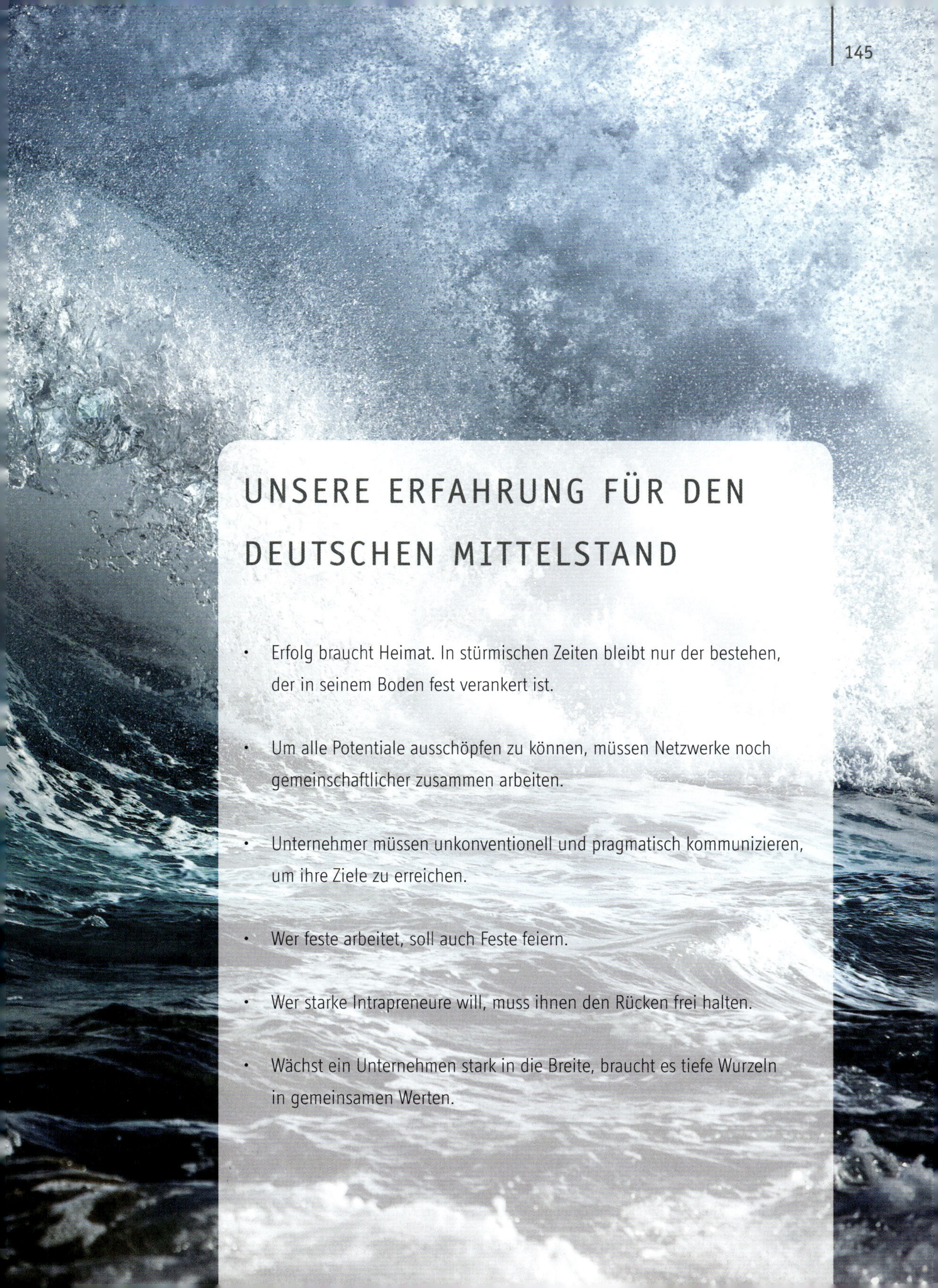

UNSERE ERFAHRUNG FÜR DEN DEUTSCHEN MITTELSTAND

- Erfolg braucht Heimat. In stürmischen Zeiten bleibt nur der bestehen, der in seinem Boden fest verankert ist.
- Um alle Potentiale ausschöpfen zu können, müssen Netzwerke noch gemeinschaftlicher zusammen arbeiten.
- Unternehmer müssen unkonventionell und pragmatisch kommunizieren, um ihre Ziele zu erreichen.
- Wer feste arbeitet, soll auch Feste feiern.
- Wer starke Intrapreneure will, muss ihnen den Rücken frei halten.
- Wächst ein Unternehmen stark in die Breite, braucht es tiefe Wurzeln in gemeinsamen Werten.

VELTINS

„Die Nordmann Unternehmensgruppe – nur aus eigener Kraft gewachsen und groß geworden. Mit Fortune und harter Arbeit.“

Oliver Nordmann, Geschäftsführender Gesellschafter der Nordmann Unternehmensgruppe

WEISSES BRÄUHAUS G. SCHNEIDER & SOHN

Urbayerisch ist die in sechster Generation familiengeführte Weißbierbrauerei Weisses Bräuhaus G. Schneider & Sohn. Sie schreibt sich „Freiheit, Fantasie, Fröhlichkeit" auf die Fahnen und interpretiert ihr Produkt immer wieder überraschend neu.

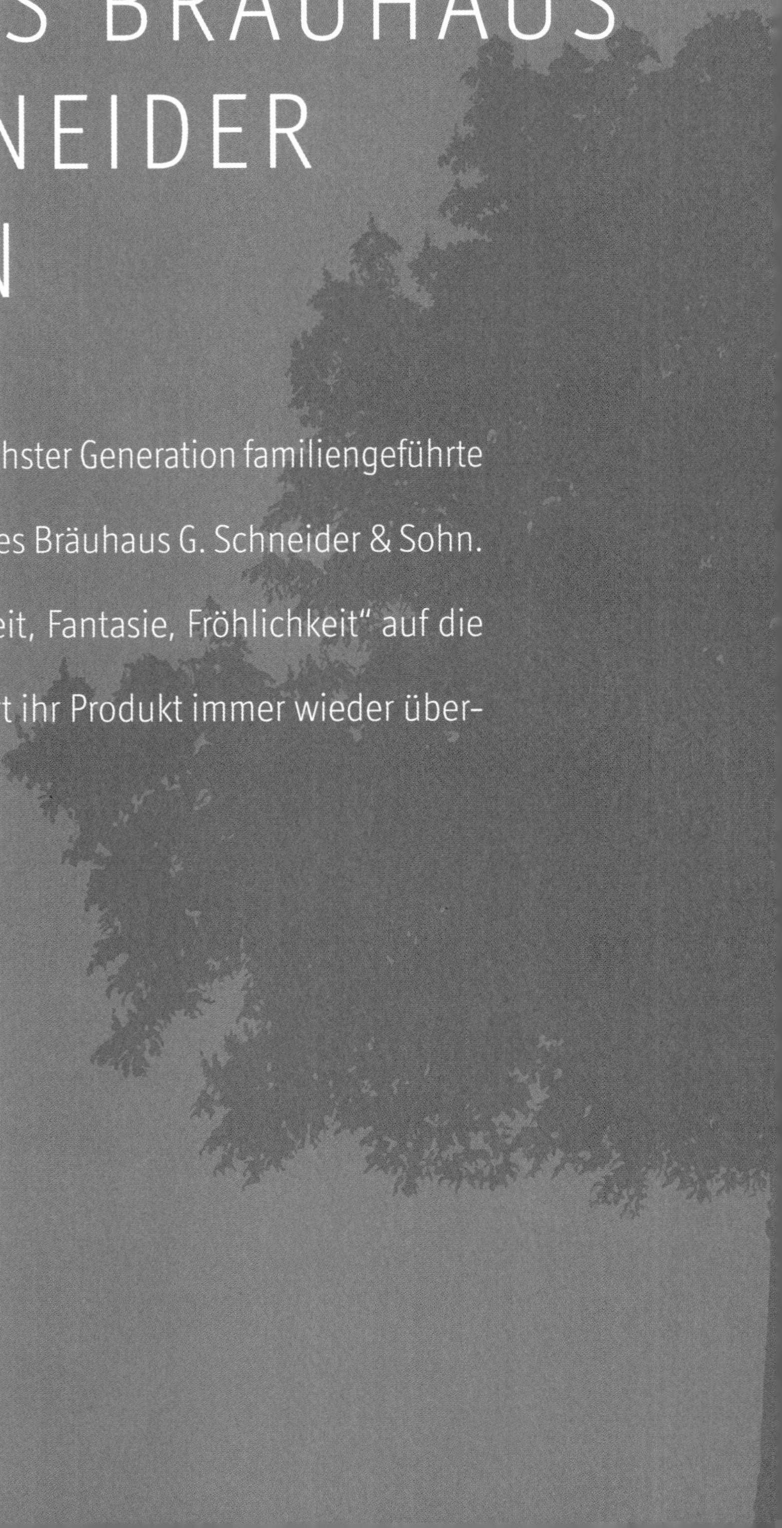

Ein Flügelfass mit sieben Hähnen steht für sieben Schneider Weisse-Sorten, die 1872 gegründete Weißbierdynastie lebt heute in siebter Generation und auch das Weisse Bräuhaus im Münchner Tal, das Stammhaus der Familienbrauerei, trägt – natürlich – die Hausnummer sieben. Doch die Weißbierbrauerei hat noch mehr zu bieten als diese magische Zahl.

Mit rund 100 Mitarbeitern kommt sie auf einen Ausstoß von jährlich 260.000 Hektolitern. Mit dem Export von 20 Prozent des Gesamtausstoßes sucht sich das Weisse Bräuhaus von den tendenziell rückläufigen Bierumsätzen im Inland abzukoppeln. Mit innovativen Sondereditionen versteht es Georg VI. Schneider immer wieder, das Traditionshaus ins Gespräch zu bringen. Dabei scheut er sich nicht, ausgetretene Pfade zu verlassen und völlig neue Trends zu setzen – vom Geschmack der Biere über den intelligenten Vertrieb bis hin zur Gestaltung der Etiketten.

GESCHÄFTSFELDER

„Freiheit, Fantasie, Fröhlichkeit" – das ist das Motto des Firmenchefs und Braukünstlers Georg VI. Schneider. Die Schneider Weisse-Spezialitäten tragen seine Handschrift. Und zwar im wahrsten Sinne des Wortes: Er hat sie persönlich benannt und ihre Ausstattung selbst gestaltet.

SPEZIALITÄTEN:

- TAP1 Meine blonde Weisse
- TAP2 Mein Kristall
- TAP3 Mein Alkoholfreies
- TAP4 Mein Grünes
- TAP5 Meine Hopfenweisse
- TAP6 Unser Aventinus
- TAP7 Unser Original
- TAP11 Unsere leichte Weisse
- Schneider Weisse Aventinus Eisbock

Mit der Bezeichnung „TAP" gibt sich die traditionsreiche Brauerei betont modern. Georg VI. Schneider erklärt: „Ich wollte meine Weissbierspezialitäten durchnummerieren, aber statt ‚Nr.' etwas Eigenständiges haben. So kam ich auf TAP. Diese Bezeichnung kommt ursprünglich aus dem Englischen und bedeutet ‚vom Fass'. Was jeweils ‚on tap' ist, das ist gleichzeitig die besondere Empfehlung des Wirtes.

GEBINDE

- Mehrwegflasche: 75 Prozent,
- Einwegflasche: 5 Prozent (nur wenn ökolcgisch sinnvoll),
- Fass: 20 Prozent,
- Keine Dosen.

VERTRIEBSGEBIETE:

- Deutschland,
- 34 Exportländer, darunter Europa, Amerika, Fernost, Australien, Neuseeland.

ABSATZWEGE:

- Gastronomie,
- Handel,
- qualifizierter Getränkefachgroßhandel,
- Partnerbrauereien,
- eigene Gaststätten.

„Ich bin wild entschlossen, ‚tap' der bayerischen Sprache einzuverleiben."

Georg VI. Schneider

GASTSTÄTTEN:

- Weisses Bräuhaus München, Tal: Das Weisse Bräuhaus im Münchner Tal ist das Stammhaus der Brauerei. Hier braute Firmengründer Georg I. Schneider 1872 die erste Schneider Weisse Original. www.weisses-brauhaus.de
- Weisses Bräuhaus München, Berg am Laim. www.weissesbrauhaus.de
- Weisses Bräuhaus, Kelheim. www.weisses-brauhaus-kelheim.de
- Bräugirgl Restaurant & Bar, Berg am Laim. www.braeugirgl.de

ZEITTAFEL

1600 Am Sendlinger Tor in München wurde im 15. Jahrhundert der Wein aus Italien angeliefert. Ab 1600 jedoch wird dieser fast ganz vom Bier verdrängt. Als Herzog Maximilian I. zum ersten Mal Weissbier probierte, war er so begeistert, dass er sich das Monopol dazu sicherte.

1607 Maximilian I. gründet im ganzen Land zahlreiche herzogliche Weissbierbrauereien, die erste in Kelheim.

1687 Der Chur-Bayerischer Atlas vermerkt: „Es ist Kelheim sehr beruehmt wegen deß sehr wolgeschmacken weissen Bier, welches der Churfuerstlichen Rentkammer ein Namhafftes nutzt, und viel Meil Wegs verfuehrt wird."

Georg I. Schneider

1855 Schneider Weisse-Gründer Georg I. wird Pächter des ***Hofbräuhauses.*** Er löst das dortige Weissbierbraurecht ab und macht sich als erster bürgerlicher Weissbierbrauer im ***Weissen Bräuhaus*** selbstständig.

Georg II. Schneider

1872 Georg I. Schneider kauft den still gelegten ***Maderbräu.*** Nach einer etwa einjährigen Umbauzeit gründet er zusammen mit seinem Sohn Georg II. Schneider die Firma *G. Schneider & Sohn* und beginnt im September 1872 sein eigenes „gar köstlich mundendes Weissbier" zu brauen.

1890 Georg II. verstirbt mit nur 44 Jahren. Sein Sohn Georg III.

Georg III. Schneider

übernimmt die Geschäfte als 20jähriger. Er stärkt die Marke „Schneider Weisse“, indem er beim Münchner Patentamt die gekreuzten Ähren als weltweit allererste Weissbiermarke eintragen lässt. Sein Hauptaugenmerkt liegt auf dem Aus- und Umbau der Münchner Braustätte.

1905 Georg III. Schneider verstirbt mit nur 35 Jahren, als sein Sohn Georg IV. gerade sechs Jahre alt ist hat. Zusammen mit einem nahen Verwandten übernimmt Mathilde Schneider, die Witwe von Georg III., die Leitung der Brauerei.

1907 Mathilde Schneider kreiert das erste Weizenstarkbier der Welt und nennt es „Aventinus“, passend zur Aventinstraße, in der es gebraut wurde. Sie baut das Unternehmen zur größten Weissbierbrauerei Süddeutschlands aus.

1914–1918 Beschlagnahmung von Güterwagen, Kontingentierung der Rohstoffe, temporäre Brauverbote. Etwa die Hälfte der bayerischen Brauereien muss ihren Betrieb einstellen.

1924 Georg IV. Schneider übernimmt das Unternehmen. In den wenigen Zwischenkriegsjahren erwirbt er weitere Brauereien in München, Straubing und auch das *Weisse Bräuhaus* in Kelheim, in das später die Produktion verlagert wird.

1928 Die Familie Schneider kauft das ehemals *Kurfürstliche Weisse Hofbräuhaus* in Kelheim.

1944 Die Münchner Braustätte im Tal sowie die meisten brauereieigenen Ausschankstellen in München und Augsburg werden durch Bomben zerstört.

1945 Georg IV. Schneider steht vor den Trümmern des Familienunternehmens – und entschließt sich zu einem

Georg IV. Schneider

Neuanfang. Er wählt die Kelheimer Brauerei als Produktionsstätte von „Schneider Weisse". Die amerikanische Besatzungsmacht findet Gefallen am Weissbier und erteilt der ***Brauerei G. Schneider & Sohn*** bereits vier Monate nach Kriegsende eine Sondererlaubnis zur Aufnahme der Produktion.

Georg V. Schneider

1958 Georg V. Schneider übernimmt die Leitung der Brauerei. Unter dem Leitsatz „Altes bewahren, Neues schaffen" treibt er eine grundlegende Modernisierung des Betriebs voran und forciert die kontinuierliche Ausstoßsteigerung.

1983 Neubau des Gärkellers. So bewahrt Georg V. Schneider die traditionelle Brauweise in offenen Gärbottichen, während diese andernorts durch kostengünstige Tankgärungen abgelöst wird.

1989 Neubau des Sudhauses und Modernisierung der Flaschenfüllerei, Neubau des Logistikzentrums im benachbarten Saal an der Donau.

1990er Jahre Ausbau der Weissbiervielfalt: Es kommen „TAP11 Unsere Leichte Weisse", „TAP3 Mein Alkoholfreies", „TAP2 Mein Kristall" und „TAP1 Meine blonde Weisse" auf den Markt.

2000 Georg VI. Schneider übernimmt die alleinige Geschäftsleitung.

2006 Georg VI. Schneider engagiert sich als Gründungsmitglied der „Freien Brauer".

2009 Vernissage der von Georg VI. Schneider persönlich gestalteten Produktetiketten.

2010 „TAP2 Mein Kristall" gewinnt die Goldmedaille beim World Beer Cup in Chicago.

2011 Georg VI. Schneider präsentiert Sondersud „TAPX Mein Nelson Sauvin". Georg VI. Schneider wird zum Präsidenten der „Freien Brauer" gewählt.

SCHNEIDER WEISSE

WELCHE WERTE ZÄHLEN FÜR SIE, HERR SCHNEIDER?

Interview mit Georg VI. Schneider, Geschäftsführer Weisses Bräuhaus G. Schneider & Sohn und Braukünstler.

IN WELCHER WERTEWELT SIND SIE AUFGEWACHSEN?

Ich bin in einer bayrisch-barocken und durch und durch christlich geprägten Genusswelt aufgewachsen. Das Vorbild meiner Eltern und Großeltern hat mich sehr geprägt. Ich bin überzeugt davon, dass ein Pfund Vorbild mehr bringt als eine Tonne schlauer Worte. Mein Großvater zum Beispiel hat zwei Staatspleiten erlebt. Er hat das nicht als Katastrophe begriffen, sondern vertrat den Standpunkt: „Ich bin Unternehmer. Ich werde immer etwas brauen."

WELCHE WERTE SIND FÜR SIE HEUTE PERSÖNLICH GANZ BESONDERS WICHTIG? WOFÜR SETZEN SIE SICH LEIDENSCHAFTLICH EIN?

Individualität, Authentizität und Lebensfreude. Individuelle Selbstentfaltung ist mir ganz wichtig. Ebenso die Freiheit mich nicht verbiegen zu müssen, denn nur so kann ich mich voll und ganz einbringen. Meine Fröhlichkeit ist geprägt durch das Vorbild meiner Großmutter. Sie verstand es, den Moment zu genießen und dafür dankbar zu sein – und wenn es auch nur Bratkartoffeln waren, die auf dem Tisch standen. Bei mir sind unternehmerische und private Werte deckungsgleich. Ganz einfach deshalb, weil ich ein Vollblutunternehmer bin – mit allen Höhen und Tiefen, mit aller Lust und allem Leid. Wenn Sie das Unternehmen mit Ihrem Familiennamen vertreten, dann muss das auch so sein. Um Werte im Unternehmen zu kommunizieren, müssen Unternehmer oft auftreten wie Wanderprediger. Es geht nicht anders! Sie müssen jeden Tag Vorbild sein, Werte vorleben, über Werte sprechen – vor allem Lust auf Werte machen.

WIE REAGIEREN SIE, WENN SICH MITARBEITER ODER AUCH GESCHÄFTSPARTNER NICHT NACH IHREN WERTVORSTELLUNGEN VERHALTEN?

Konsequent. Wenn jemand hier nur einen Acht-Stunden-Job macht, aber nicht mit Leidenschaft hinter seinem Produkt steht und seine Ideen nicht einbringt, dann ist er für mich der Falsche.

WELCHE ROLLE SPIELT DIE WERTEEBENE, WENN SIE NEUE MITARBEITER EINSTELLEN?

Eine große Rolle. Am liebsten stelle ich Leute ein, die meine Mitarbeiter mir empfohlen haben. Erfahrungsgemäß ist das der erfolgreichste Weg. Die Werteebene stimmt dann zumeist schon. Wenn wir Lehrlinge einstellen, dann möchten wir gerne auch deren Familien kennenlernen. Lebensfreude und Genuss spielen in unserer Wertewelt eine große Rolle, sie müssen aber auch gepaart sein mit Sinn und Verstand – und mit der Tugend des Maßhaltens.

HABEN SIE IN DER JÜNGEREN ZEIT (MÖGLICHERWEISE UNPOPULÄRE) ENTSCHEIDUNGEN GETROFFEN, BEI DENEN SIE SICH GANZ KLAR AN IHREN WERTVORSTELLUNGEN ORIENTIERT HABEN? WELCHE WAREN DAS KONKRET?

Ich habe Geschäftsführer für die Bereiche Marketing, Technik und Logistik sowie Verwaltung und Personal eingesetzt, die ihre Bereiche jeweils komplett verantworten. Das bedeutete im zweiten Schritt, dass ich meine eigene Gattin von einer Aufgabe entbinden musste, die sie viele Jahre lang ausgeführt hatte, die nun aber quer zu diesen neuen Verantwortungsbereichen lag. Das fiel mir nicht leicht, es war aber die logische Folge meiner Entscheidung, und darum mussten wir das so umsetzen.

WELCHE POSITIVEN EFFEKTE IHRER KLAREN WERTEORIENTIERUNG SEHEN SIE SCHON HEUTE IN IHREM UNTERNEHMEN?

Wir erzielen gute Ergebnisse! Unser Umsatz liegt bei rund 25 Millionen Euro, unser Gewinn jährlich zwischen 800.000 und 1 Million Euro. Das hat nicht nur etwas mit unseren Werten zu tun, sondern damit, dass wir einen guten Job machen. Es liegt an der Spezialisierung unseres Unternehmens auf ein Segment. Es liegt an unseren Innovationen.

HOPFEN UND MALZ
GOTT ERHALTS
SCHNEIDER WEISSE
TAP7
SCHNEIDER WEISSE
TAP7
Unser Original

WELCHE WERTE VERMISSEN SIE IN DER GLOBALEN WIRTSCHAFTSWELT AM MEISTEN? WELCHE ART DES UNMORALISCHEN HANDELNS EMPÖRT SIE BESONDERS?

Es wird viel „Nachhaltigkeit" gepredigt und massiv gegen dieses Prinzip verstoßen. Wer soll die Ausbeutung unserer Ressourcen bezahlen? Unsere Kinder und Kindeskinder werden es sein. Was ich außerdem vermisse, ist Ehrlichkeit, vor allem in der Politik. Dem Wähler wird etwas vorgegaukelt! Die Probleme der Schuldenkrise müssen doch ehrlich kommuniziert werden. Aber das traut sich keiner.

WELCHE WERTE VERKÖRPERT FÜR SIE DER DEUTSCHE MITTELSTAND?

Leidenschaft und Fleiß.

MIT WELCHEN GELEBTEN WERTEN WÄRE DER MITTELSTAND IHRER EINSCHÄTZUNG NACH NOCH STÄRKER?

Unser Mittelstand ist großartig. Er sorgt für Vermögen in der Breite. Für eine Volkswirtschaft ist das sehr wichtig. Denn Geld muss fließen! Doch bei aller Leidenschaft und allem Fleiß ist der Mittelstand meiner Meinung nach viel zu leidensfähig. Er duldet zu viel. Er müsste sich viel mutiger wehren gegenüber politischer Ignoranz – zum Beispiel, wenn Steuervergünstigungen wieder einmal nur den Konzernen nutzen, nicht aber den kleinen und mittleren Unternehmen. Der typische Mittelständler ist sich seiner Stärke nicht genug bewusst. Er zettelt keine Revolution an, weil er sagt: „Ich habe keine Zeit, ich muss zum Kunden!"

DER WEG ZU DEN SCHNEIDER-WERTEN

Die Werte des Bräuhauses Schneider sind eng verbunden mit der langen Familiengeschichte, die zugleich eine Unternehmergeschichte ist.

FREIHEIT UND VERANTWORTUNG

Den entscheidenden Impuls setzte Schneider Weisse-Gründer Georg I., als er 1855 das Hofbräuhaus pachtete und sich als erster bürgerlicher Weissbierbrauer im Weissen Bräuhaus selbstständig machte. Er wollte Freiheit – und er legte damit gewissermaßen auch den Grundstein einer Dynastie, die für jeden „neuen Georg" nicht nur Freiheit, sondern auch die Übernahme großer Verantwortung bedeutete. Zwei Mal ist ein Georg Schneider in sehr jungen Jahren verstorben, und zwei Mal haben Gattinnen und Söhne die Ärmel aufgekrempelt, um das Unternehmen weiterzuführen.

„Nach dem Krieg war nicht nur München, sondern auch unsere Münchener Brauerei praktisch vollkommen zerstört. Ein Lebenswerk war eigentlich am Ende. Keiner wusste, ob die Familie weitermacht oder ob wir aufgeben. Aber ein Schneider ist halt ein Überzeugungstäter, also haben wir weitergemacht."

Georg V. Schneider

FANTASIE UND VERSTAND

Traditionell ist ein Georg Schneider nicht nur ein guter Geschäftsmann, sondern hat auch großes künstlerisches Talent. Georg IV. Schneider zum Beispiel war ein begnadeter

Organist. Er liebte die Musik von Johann Sebastian Bach – und vielleicht ist er in seiner Unternehmensführung genau so strukturiert vorgegangen wie Bach in seinen Kompositionen. Georg V. Schneider hat sogar Musik studiert, bevor er ins Brauereifach wechselte. Er liebte Wagner, und vielleicht lässt sich die Energie, mit der er den Ausbau der Brauerei vorantrieb, als Wagnerianisch bezeichnen. Georg VI. Schneider nun versteht sich nicht mehr nur als Geschäftsführer der Brauerei, sondern als Braukünstler. Er setzt bei seinen Neukreationen gezielt Kontraste zur Tradition, er experimentiert, auch bei der Gestaltung der Etiketten:

„Die Gestaltung der Flaschenetiketten stammt von mir persönlich. Das ist in meiner Branche – gelinde gesagt – ungewöhnlich. Oder deutlicher: Das macht sonst überhaupt niemand. Damit habe ich einen ganz neuen Weg für Schneider Weisse eingeschlagen, abseits der vorgegebenen Normen."

Georg VI. Schneider

FRÖHLICHKEIT UND DIE FREUDE AM GENUSS

Die Fröhlichkeit feiert man in Bayern gerne mit einem guten Bier. Aber auch die Arbeit geht leichter von der Hand, wenn sie mit guter Laune geleistet wird: „Beim Brauen muss man singen, nur so gerät das Bier", so hat Alfred von Beckerath diese Weisheit in einer eigenen Kantate festgehalten. Aber auch mit großer Ernsthaftigkeit:

„Die Austauschbarkeit von Managern ist auf Dauer schädlich und die Menschen merken das irgendwann. Ich habe mein Weissbier immer geliebt, ich hätte kein anderes Produkt verkaufen mögen."

Georg V. Schneider

Höchste Qualität
Fantasie
Innovation
Freiheit
Tradition
Fröhlichkeit

SCHNEIDER: IMMER WIEDER ERFRISCHEND NEU

QUALITÄT

Regelmäßig gewinnen die Schneider Weisse-Spezialitäten nationale und internationale Wettbewerbe und belegen damit, dass es sich um Weltklasseprodukte handelt. Aber nicht nur an die Herstellung, auch an den Verkauf werden hohe Ansprüche gestellt. So ist das Weisse Bräuhaus G. Schneider & Sohn die einzige Brauerei, die ausschließlich ausgebildete Biersommeliers im Außendienst beschäftigt. „Unser wichtigster Erfolgsfaktor sind unsere Mitarbeiter", betont Georg VI., „denn einen solch kompromisslosen Qualitätsgedanken kann man nur mit motivierten, kompetenten und qualitätsbewussten Mitarbeitern umsetzen."

FANTASIE

Großen Einfallsreichtum beweist die Brauerei immer wieder, wenn es um die Kreation neuer Sorten geht. Sie trifft damit auf die Kreativität der Kunden, die sich beim jüngsten Relaunch mit ihrer eigenen Fantasie einbringen durften: In zahlreichen Verkostungen aller Spezialitäten des Hauses hat Georg VI. Schneider Freunde, Bierliebhaber und Kunden ihre Geschmacks- und Sinneseindrücke beschreiben lassen. Die Fragestellungen lauteten dabei:

- Woran erinnert mich dieser Geschmack, womit kann ich ihn assoziieren?
- Was macht dieses Bier mit mir, wie fühle ich mich dabei?
- Zu welchen Anlässen und Speisen könnte dieses Bier passen?

„Die Ergebnisse waren recht eindeutig und das wollte ich abbilden. Ich habe versucht, Geschmack zu malen", erläutert Georg VI. Schneider. Auf Empfehlung eines Künstlers wurden die ursprünglich als Briefingunterlage gedachten Werke zur neuen Etikettengestaltung.

FREIHEIT

Im Weissen Bräuhaus in München im Tal zeigt Georg VI. Schneider, dass er es mit dem Wert der Freiheit sehr ernst meint. Aus einem fest reservierten Ausschank-Hahn laufen dort Biere aus Brauereien der Initiative „Die Freien Brauer". „Wer Vielfalt predigt, muss sie auch zulassen: Für mich ist der Hahn der Freien Brauer ein Bekenntnis zu freiem Unternehmertum und ein Manifest für gelebte Bierkultur", so Georg VI. Schneider.

Die Freien Brauer sind ein Zusammenschluss von 36 führenden Privatbrauereien in Deutschland, Österreich und den Niederlanden, die konzernunabhängig und seit Generationen in Familienbesitz sind. Georg Schneider lädt regelmäßig Biere aus diesen Brauereien ins Weisse Bräuhaus ein. Seit 2011 steht er den „Freien Brauern" selbst als Präsident vor.

Die sieben Werte der Freien Brauer

1 Große Freiheit: Wir sind freie Unternehmer und unabhangig von Konzernvorgaben.

2 Persönliche Verantwortung: Wir übernehmen langfristig Verantwortung – als Arbeitgeber und Ausbilder, als Nachwuchsförderer und Geschäftspartner.

3 Einzigartige Vielfalt: Wir bieten eine besondere Vielfalt herkunftstypischer Geschmackserlebnisse.

4 Höchste Qualität: Wir brauen Biere mit Charakter – aus besten Rohstoffen.

5 Saubere Umwelt: Wir setzen uns ein für einen respektvollen Umgang mit unseren natürlichen Ressourcen.

6 Echte Tradition: Wir widmen uns unserem Handwerk seit Generationen mit Leidenschaft und Stolz.

7 Gelebte Heimatverbundenheit: Wir sichern lokale Arbeitsplatze und fordern eine gesunde regionale Wirtschaftsstruktur.

„Unser wichtigster Erfolgsfaktor sind unsere Mitarbeiter, denn einen solch kompromisslosen Qualitätsgedanken kann man nur mit motivierten, kompetenten und qualitätsbewussten Mitarbeitern umsetzen."

Georg VI. Schneider, Geschäftsführer Weisses Bräuhaus G. Schneider & Sohn GmbH

INNOVATION - TRADITION

Georg VI. steht für die intelligente Verknüpfung von Tradition und Innovation. Was für ihn traditionelle Verpflichtung ist im Hinblick auf das Brauverfahren und das Gewähren eines gleich bleibend hohen Qualitätsstandards, ist andererseits die Verpflichtung zur innovativen Unternehmensführung.

Ein respektvoller, fairer und partnerschaftlicher Umgang miteinander ist einer der Grundsätze, die nicht nur in der Unternehmensphilosophie festgeschrieben sind, sondern auch täglich gelebt werden.

FRÖHLICHKEIT

Die urbayerische Fröhlichkeit des Bräuhauses zeigt sich in zahlreichen Events – vom Oktoberfest über Wanderungen bis hin zu Sportveranstaltungen. Schneider lässt keine Gelegenheit aus, Genuss und Fröhlichkeit zu zelebrieren.

Vielleicht ist die typische Fröhlichkeit der Familie Schneider eine Folge ihrer großen Freiheitsliebe. Oder die Voraussetzung dafür? Immerhin haben etliche Generationen Schneider gezeigt, mit wie viel unerschrockener Fröhlichkeit sie ausgetretene Pfade verlassen: Mathilde Schneider zum Beispiel, übrigens die einzige protestantische Dame in einer durch und durch katholischen Familie, die 1907 kurzerhand das erste Weizenstarkbier der Welt kreierte. Oder heute Georg VI. Schneider, der seine Etiketten fröhlich selbst gestaltet und damit einmal mehr ein Tabu bricht.

WIE WERTE WIRKEN

„Unser wichtigster Erfolgsfaktor sind unsere Mitarbeiter, denn unseren kompromisslosen Qualitätsgedanken können wir nur mit motivierten, kompetenten und qualitätsbewussten Mitarbeitern umsetzen", ist Georg VI. Schneider überzeugt. Deshalb setzt er sich für eine Unternehmenskultur ein, die von Vertrauen, Offenheit und Wertschätzung geprägt ist. Auch bei diesen Werten schwingen wieder Freiheit, Fantasie und Fröhlichkeit mit.

Freiheit, weil Georg VI. Schneider regelmäßig Mitarbeitergespräche führt, in denen Zielvereinbarungen besprochen werden. Innerhalb der vorgegebenen Grenzen entscheiden die Mitarbeiter selbstständig. „So haben sie mehr Freiheiten, aber natürlich auch mehr Verantwortung."

Fantasie blüht da auf, wo Offenheit gelebt wird. Weder für neue Spezialitäten, noch für innovatives Marketing und intelligenten Vertrieb gibt es Patentrezepte. Neue Situationen erfordern immer neue Lösungsansätze. „Mit der richtigen Einstellung ist dies mehr Lust statt Last", unterstreicht Schneider.

Fröhlichkeit ist nicht das Gegenteil von harter Arbeit, sondern ein Teil von ihr. Georg VI. Schneider ist überzeugt: Transparente Prozesse, ergebnisorientiertes Arbeiten und die fast familiäre Geborgenheit in einem mittelständischen Unternehmen machen Lust auf Leistung.

Die klare Werteorientierung sorgt dafür, dass Mitarbeiter gerne im Weissen Bräuhaus G. Schneider & Sohn arbeiten. Und dafür, dass immer wieder neue, qualifizierte und motivierte Mitarbeiter für das Unternehmen gewonnen werden.

„Wir sind stets bestrebt, den charakteristischen Geschmack und die hohe Qualität unserer Weissbiere zu erhalten, um den Vorstellungen unseres Gründers gerecht zu werden."

Leitsatz Weisses Bräuhaus G. Schneider & Sohn

LEITSÄTZE

- Wir sind und bleiben ein unabhängiges, eigenständiges und erfolgsorientiertes Familienunternehmen.

- Wir sind stets bestrebt, den charakteristischen Geschmack und die hohe Qualität unserer Weissbiere zu erhalten, um den Vorstellungen unseres Gründers gerecht zu werden.

- Unsere Tradition verpflichtet uns, die Zukunft innovativ zu gestalten.

- Unser Denken und Handeln in allen Bereichen des Unternehmens wird von höchstem Qualitätsbewusstsein geprägt.

- Qualitätsdenken geht uns vor Mengendenken.

- Wir pflegen mit unseren Kunden eine faire, ehrliche und respektvolle Partnerschaft und unterstützen sie bei der Lösung ihrer Probleme.

- Alle Mitarbeiter der Brauerei sind das Unternehmen. Jeder Einzelne ist Repräsentant des Unternehmens und trägt soziale Verantwortung in allen Bereichen.

- „Leben und leben lassen“ prägt unser gesellschaftliches Handeln.

- Als bayerische Brauer und Verfechter des Reinheitsgebotes sind wir auf unsere natürlichen Ressourcen angewiesen und daher zum aktiven Umweltschutz verpflichtet.

- Mir san Mir.

WERTE LEBEN: DIE BESTEN PROJEKTE

UMWELT

Vorbildlich ist das Umweltmanagement der Brauerei Schneider: Das Energiekonzept der Brauerei ist auf nachwachsende Rohstoffe ausgerichtet, mit einer Holzhackschnitzelheizung im Kern.

Überdies wurde das Weisse Bräuhaus in München im Tal von Ökoprofit München 2009/2010 ausgezeichnet, und zwar für ein neues Konzept zur Reduzierung von Speiseresten. Das Bräuhaus reduzierte die Portionsgrößen „auf ein heute verzehrbares Maß", senkte die Preise und senkte das Abfallvolumen damit um mindestens 30 Prozent. Damit fallen auch die Entsorgungskosten der Speiseabfälle deutlich geringer aus. Diese Maßnahme bedeutet wiederum, dass bei gleicher Essenszahl umgerechnet pro Tag zwei Spanferkel weniger geschlachtet werden müssen.

„Mit Schneider Weisse arbeite ich gerne zusammen.
Da wird der Hopfen als Naturprodukt wertgeschätzt,
das ist heutzutage nicht mehr alltäglich."

Georg Breitner, Hopfenbauer aus Niederlauterbach

KUNST UND KULTUR

Regelmäßig engagiert sich Georg VI. Schneider für Kunstausstellungen. Dabei stand schon zwei Mal das Thema Bier im Mittelpunkt. Im Jahr 2010 präsentierte der Künstler und Fotograf Joss Bachhofer „eine Hommage an die Zeremonienmeisterinnen des Kontrollverlusts und Hüterinnen des Anstands mit Bedienungen des ‚Weissen Bräuhauses' im Tal".

„Ich bin stolz auf unsere Bedienungen und begeistert davon, dass sie einmal wieder im Fokus der Kunst stehen", sagte Georg VI. Schneider. Er erinnerte daran, dass der Filmmacher, Autor und Maler Herbert Achternbusch ihnen bereits im Jahr 2005 einen Bilderzyklus gewidmet hatte.

„Am Liebsten sitze ich jeden Tag im Weissen Bräuhaus im Tal und warte. Warte auf Einfälle, denn ohne Idee mag ich nichts machen."

Herbert Achternbusch

„Künstler und Wirtshaus sind vielfältig, unberechenbar, multikulturell, eigenwillig, manchmal grantig, sogar unverschämt und auf ihre Weise trotzdem so liebenswert. Und beide leben in einem sonderbaren symbiotischen Verhältnis. Der Künstler als scharfer Beobachter der Szenen, die sich im Wirtshaus, seinem ‚Wohnzimmer', abspielen, und das Wirtshaus, das dem Künstler die Bühne für seine Beobachtungen bietet."

Georg VI. Schneider

UNSERE ERFAHRUNG FÜR DEN DEUTSCHEN MITTELSTAND

- Man sollte das Produkt lieben, das man herstellt und verkauft.
- Qualität geht immer vor Menge.
- Zum richtigen Zeitpunkt die Regeln der Branche brechen – das tut dem Unternehmen gut.
- Der wichtigste Erfolgsfaktor sind die Mitarbeiter.

„Ein Pfund Vorbild bringt mehr als eine Tonne schlauer Worte."

Georg VI. Schneider, Geschäftsführer Weisses Bräuhaus G. Schneider & Sohn GmbH

SCHNEIDER WEISSE
HEFE-WEIZENBIER
G. Schneider & Sohn

VOLKSBANK MITTWEIDA eG

Die Volksbank Mittweida setzt sich seit 88 Jahren für Unternehmen und Privatkunden ein. Ihre wirtschaftlichen Kennzahlen liegen – trotz der herausfordernden Rahmenbedingungen – weit über dem Durchschnitt und sprechen für eine nachhaltige Geschäftspolitik. Als wesentlichen Erfolgsfaktor sieht die Bank ihre „Vertrauens- und Leistungskultur".

Besser mit uns!
Volksbank Mittweida eG

Die Volks- und Raiffeisenbanken verfügen über das dichteste Filialnetz in Europa. Allein in Deutschland sind 16 Millionen Menschen Mitglied einer Genossenschaftsbank. Die Kunden und Mitglieder schätzen das wertorientierte Geschäftsmodell. Seit Jahrzehnten ist die genossenschaftliche Gruppe ein stabiler Faktor in der Finanzbranche.

Die Volksbank Mittweida eG ist eine erfolgreiche Bank in der genossenschaftlichen Gruppe. Sie steht für nachhaltige Geschäftspolitik. Heute betreuen 160 Mitarbeiter in zehn Geschäftsstellen rund 33.000 Kunden. Damit zählt die Genossenschaftsbank fast ein Viertel aller Privatkunden der Region zu ihren Kunden. Die Volksbank Mittweida ist der Mittelstandsfinanzierer Nummer 1 in ihrer Region.

GESCHÄFTSFELDER

Die Volksbank Mittweida eG bietet Privat- und Geschäftskunden einen umfassenden Service in allen Bereichen: Vom alltäglichen Zahlungsverkehr über Anlage- und Kreditgeschäfte, Versicherungen, Baufinanzierungen bis hin zum Leasinggeschäft. Der Schwerpunkt liegt ganz klar auf dem klassischen Kundengeschäft.

„Unsere Kunden geben unserer Bank ihre Daseinsberechtigung."

Leonhard Zintl, Vorstand der Volksbank Mittweida eG

Möglich wird dies durch die enge Zusammenarbeit mit den Verbundpartnern der Bank: R+V Versicherung, Bausparkasse Schwäbisch Hall, Union Investment, TeamBank, VR Leasing, DG Hyp, Münchner Hypothekenbank und DZ Bank.

Eine enge Zusammenarbeit verbindet die Volksbank Mittweida mit ihren Tochtergesellschaften:

- Dr. Weber & Partner Leasing Gesellschaft mbH,
- Immobilien Service GmbH der Volksbank Mittweida,
- Mittweida innovativ Gesellschaft für Wissenstransfer mbH.

Das Kundenwertvolumen liegt bei ca. 1,2 Mrd. €. Diese Größe sagt aus, wie viel Geld die Bank insgesamt für ihre Kunden angelegt und finanziert hat. Diese Gelder finden sich in der Bankbilanz und im Bestand der genossenschaftlichen Verbundpartner.

ZEITTAFEL

Max Jähnig

1923 Gründung der ***Gewerbebank Mittweida,*** Vorstandsvorsitzender ist Max Jähnig. Im gleichen Jahr setzt eine starke Inflation ein.

1926 Die ***Gewerbebank Mittweida*** wird Devisenbank.

1929 Weltwirtschaftskrise und Börsencrash.

1939 Ausbruch des 2. Weltkrieges.

1945 Mittweida wird von amerikanischen und dann von russischen Truppen besetzt. Ab August müssen alle Banken ihre Tätigkeit einstellen.

Mittweidaer Markt

1946 Wiederaufnahme des Geschäftsbetriebs.

1948 Währungsreform.

1949 Gründung der Deutschen Demokratischen Republik.

1952 Inbetriebnahme der ersten Buchungsmaschine.

1954 Erste Großwerbung für die „Sparwoche".

1960 Anschaffung der ersten Kassenregistriermaschine.

1970 Umbenennung in ***Genossenschaftsbank für Handwerk und Gewerbe Mittweida.***

1971 Umstellung von Buchungstätigkeiten auf EDV.

1973 Fusion mit der ***Genossenschaftsbank Rochlitz*** / Filiale Penig.

1989 Fall der Berliner Mauer.

1990 Wiedervereinigung mit der Bundesrepublik Deutschland.

1990 Übernahme der ehemaligen *Bank für Land- und Nahrungsgüterwirtschaft* in Hainichen und der *Raiffeisenbank Rochlitz/Döhlen* | Umbenennung in *Volksbank/Raiffeisenbank Mittweida und Umgebung eG.*

1991 Erweiterung um die Geschäftsstelle Frankenberg.

1992 Eröffnung der neuen Geschäftsstelle am Markt 25, Mittweida | Eröffnung der Filiale Waldheim.

1993 Gründung der Tochtergesellschaft *Immobilien Service GmbH der Volksbank Mittweida.*

1997 Umbenennung in *Volksbank Mittweida eG* | Leonhard Zintl wird in den Vorstand berufen.

1999 Gründung der *Bürgerstiftung der Volksbank Mittweida.*

2000 Gründung der *Volksbank Akademie.*

2002 Gründung *MW Mittweidaer Wohnbau eG* | Einführung des Euros.

2005 Start des ersten Personalentwicklungsprogramms „Förderpool".

2007 Weltweite Finanzkrise | Einführung betriebliches Gesundheitsmanagement.

2008 Internetfiliale www.dasdirektbanking.de geht online | Kauf und Integration der Tochtergesellschaft *Dr. Weber & Partner Leasing Gesellschaft mbH* | Kick-off Zukunftsmanagement.

2009 Gründung *Mittweida innovativ Gesellschaft für Wissenstransfer mbH* und *Regio Energie eG* | Michael Schlagenhaufer wird in den Vorstand berufen.

2010 Kommunikations-Reise: gemeinsame Erarbeitung der Kommunikationswerte.

Volksbank
Mittweida

WELCHE WERTE ZÄHLEN FÜR SIE, HERR ZINTL?

Interview mit Leonhard Zintl, Vorstand der Volksbank Mittweida eG

IN WELCHER WERTEWELT SIND SIE AUFGEWACHSEN?

Ich bin in einer Wertewelt aufgewachsen, wo der respektvolle Umgang miteinander und Verlässlichkeit wichtig sind und selbstständig Verantwortung übernommen wird. Ich habe gelernt anzupacken und gemeinsam etwas zu bewegen.

WELCHE WERTE SIND FÜR SIE HEUTE PERSÖNLICH GANZ BESONDERS WICHTIG? WOFÜR SETZEN SIE SICH LEIDENSCHAFTLICH EIN?

Für mich zählen Vertrauen, Verlässlichkeit, Wahrhaftigkeit und Glaubwürdigkeit ganz besonders. Authentisches Handeln ist die Basis, auf der diese Werte wachsen können. Ich möchte diese Werte glaubhaft vermitteln, indem ich mein tägliches Tun danach ausrichte.

WIE REAGIEREN SIE, WENN SICH MITARBEITER ODER AUCH GESCHÄFTSPARTNER NICHT NACH IHREN WERTVORSTELLUNGEN VERHALTEN?

Wir arbeiten mit Geschäftspartnern, die zu uns passen und die mit uns Geschäfte machen wollen, weil wir verlässlich sind. Wir machen nur die Dinge, die sich mit unseren Werten vereinbaren lassen. Wir wollen keine Geschäfte um des Geschäfts willen, agieren also anders als die so genannte

Finanzindustrie. Wir orientieren uns an den klassischen Aufgaben einer Bank und setzen auf eine Renaissance der Werte.

WELCHE ROLLE SPIELT DIE WERTEEBENE, WENN SIE NEUE MITARBEITER EINSTELLEN?

Eine entscheidende Rolle. Im Vorstellungsgespräch sprechen wir detailliert über den Werdegang und versuchen dabei herauszufinden, wie das Wertegerüst des Kandidaten aussieht. Wir machen auch klar, in welcher Wertewelt wir uns bewegen und was uns besonders wichtig ist. Dabei kann es vorkommen, dass ein Kandidat sich bewusst gegen uns entscheidet und sich zum Beispiel lieber bei einem der großen Player der Finanzindustrie bewerben möchte. Ob man tatsächlich zusammen passt, zeigt sich allerdings erst nach etwa einem halben Jahr. Es zeigt sich im täglichen Tun.

HABEN SIE IN DER JÜNGEREN ZEIT (MÖGLICHERWEISE UNPOPULÄRE) ENTSCHEIDUNGEN GETROFFEN, BEI DENEN SIE SICH GANZ KLAR AN IHREN WERTVORSTELLUNGEN ORIENTIERT HABEN? WELCHE WAREN DAS KONKRET?

Entscheidungen dürfen nicht leichtfertig fallen. Mir ist es wichtig, dass wir es im Wirkungskreis der Entscheidung immer mit Menschen zu tun haben. In unserem Hause werden Entscheidungen intensiv diskutiert und nach unserer klaren Wertorientierung getroffen. Entscheidungen werden klar kommuniziert und konsequent gelebt.

WELCHE POSITIVEN EFFEKTE IHRER KLAREN WERTEORIENTIERUNG SEHEN SIE SCHON HEUTE IN IHREM UNTERNEHMEN?

Hier muss ich ein wenig ausholen: Das Kerngeschäftsgebiet der Volksbank Mittweida konzentriert sich auf die Region Mittelsachsen, die ländlich geprägt und mit zahlreichen Herausforderungen konfrontiert ist. Die Kaufkraft liegt deutlich unter dem Bundesdurchschnitt. Die Arbeitslosigkeit in der Region ist immer noch höher als der sächsische Durchschnitt. Das wirtschaftliche Umfeld ist insgesamt als ungünstig einzustufen. So verwundert es nicht, dass die Einwohnerzahl in den letzten Jahren kontinuierlich geschrumpft ist und in Zukunft weiter abnehmen wird.

Die Wettbewerbssituation ist von einer starken Bankenkonzentration gekennzeichnet. Neben den Sparkassen und den Großbanken bilden Direktbanken mit einer aggressiven Preisstrategie die wesentlichen Wettbewerber. Der Druck auf die Margen im Kundengeschäft hat sich in den letzten Jahren weiter verstärkt.

Dennoch haben wir uns in diesem Umfeld positiv entwickelt. Aus zwei Gründen: erstens hat sich das Geschäftsmodell der Volks- und Raiffeisenbanken in der Finanzmarktkrise als besonders stabil erwiesen. Die genossenschaftliche Bankengruppe genießt einen hohen Stellenwert als Exklusiv- und Hauptbankverbindung.

Und zweitens haben wir uns vor Ort darauf konzentriert, innovativ und fleißig zu sein. Wir pflegen die Tugenden des „ehrbaren Kaufmanns". Wir stehen zu unseren Kunden. Wir lassen uns auf unsere Kunden ein. Deshalb wissen wir auch so genau, was die Region bewegt und können die richtigen Impulse setzen.

WELCHE WERTE VERMISSEN SIE IN DER GLOBALEN WIRTSCHAFTSWELT AM MEISTEN? WELCHE ART DES UNMORALISCHEN HANDELNS EMPÖRT SIE BESONDERS?

Ich vermisse Menschen, die für etwas stehen. Die eigene Werte definiert haben und diese langfristig leben. Menschen, die nicht opportunistisch jedem Trend hinterher rennen. Menschen, die ganz selbstverständlich Verantwortung für das Gemeinwohl übernehmen.

WELCHE WERTE VERKÖRPERT FÜR SIE DER DEUTSCHE MITTELSTAND?

Erstens soziale Verantwortung: Acht von zehn Jugendlichen werden im Mittelstand ausgebildet! Zweitens ökonomische Verantwortung: Mittelständler haben sich immer schon ihrer Tradition verpflichtet gefühlt und zugleich mit einem vernünftigen Blick in die Zukunft gearbeitet. Sie haben immer schon nachhaltig gewirtschaftet – lange, bevor das Wort in Mode kam. Und drittens Flexibilität und Innovation: Der deutsche Mittelstand setzt immer wieder neue Maßstäbe, was technische Entwicklungen und innovative Services angeht. Mittelständler spüren sehr genau, was der Markt fordert. Wir sind auch eine mittelständische Bank!

MIT WELCHEN GELEBTEN WERTEN WÄRE DER MITTELSTAND IHRER EINSCHÄTZUNG NACH NOCH STÄRKER?

Ich finde, manchmal fehlt dem deutschen Mittelstand ein Stück Selbstbewusstsein. Nur weil man „klein" ist, braucht man nicht den Kopf einzuziehen. Mittelständler sollten ein klares Bild von dem haben, auf das sie zusteuern möchten und ihre Leute mitnehmen. Sie sollten mutig einfach machen, was sie für richtig halten.

DER WEG ZU DEN WERTEN DER VOLKSBANK MITTWEIDA

„Kultur entsteht nicht im Vorbeigehen, sie muss wachsen", unterstreicht Leonhard Zintl. „Das funktioniert nur, wenn man jeden Tag etwas dafür tut und sich aufeinander verlassen kann." Aus diesem Grund legt die Volksbank Mittweida Wert auf hohe Transparenz und auf Mitgestaltung durch die Mitarbeiter.

In den vergangenen Jahren hat sich die Bank dafür eingesetzt, gegenüber den eigenen Mitarbeitern und gegenüber den Kunden klar zu kommunizieren, für was die Genossenschaftsbank steht. Dabei zeigte sich, dass die interne Kommunikation andere Fragen beantworten muss als die externe Kommunikation.

Alle in einem Boot: Mitarbeiter beim Sommerfest 2008

Die Mitarbeiter der Volksbank Mittweida interessieren zum Beispiel folgende Fragen:

- Warum verfolgt die Bank bestimmte Strategien?
- Wie sehen die aktuellen Herausforderungen aus?
- Wie wollen wir zusammen arbeiten?
- Warum ist es so wichtig, die Veränderungskompetenz des Unternehmens zu stärken?

Kunden dagegen müssen wissen

- Welche Werte prägen die Bank und machen sie erfolgreich?
- Welche Leistungen bietet mir die Bank – und zwar besser als andere?
- Mit welchen Partnern arbeitet die Bank zusammen?
- Was tut die Bank für die Region?

INTERNE KOMMUNIKATION: GEMEINSAMES ARBEITEN

Um gemeinsame Grundwerte für Führung und Miteinander zu entwickeln, hat die Volksbank Mittweida ein Projektteam aus Führungskräften und Mitarbeitern zusammengestellt, das einen ersten Entwurf gemeinsamer Werte entwickelte.

Dieser Entwurf wurde im ersten Schritt mit allen Führungskräften diskutiert. Im zweiten Schritt nahm jede Führungskraft einen Wert mit in das eigene Team. In Team-Workshops haben Mitarbeiterinnen und Mitarbeiter die erarbeiteten Aussagen diskutiert, weiter zugespitzt und noch mehr Klarheit in die Formulierungen gebracht.

Nach der Zusammenführung und endgültigen Verabschiedung des Wertekataloges erstellte die Marketingabteilung der Volksbank Mittweida ein Booklet mit den wichtigsten Aussagen und ansprechenden Illustrationen, das an alle Mitarbeiter ausgegeben wurde. Außerdem wurden Plakate für die Abteilungen entwickelt. Die Werte sind fester Bestandteil der Kultur. Mit Hilfe eines 180 Grad-Feedbacks wird abgeglichen, wie gut die Werte aus Mitarbeitersicht tatsächlich gelebt werden und wo es noch Entwicklungsbedarf gibt.

Gemeinsames Arbeiten
Vorbild
Nr. 1
Vertrauen
Zeit
Entscheidung
Motivation
Delegation
Feedback
Mitarbeiter
GrundWERTE
für Führung und verantwortungsvolles Miteinander
Besser mit uns!
Volksbank
Mittweida eG

EXTERNE KOMMUNIKATION: „BESSER MIT UNS!"

Im Jahr 2009 entwickelte die Volksbank Mittweida ihren Leitsatz für die externe Kommunikation: „Besser mit uns." Der Slogan soll in der Region vermitteln, dass die Volksbank Mittweida „die bessere Leistung bietet und der bessere Partner an der Seite der Kunden ist".

„Besser mit uns" entspricht zugleich der Vision, die die Volksbank Mittweida für sich formuliert hat. Diese Vision stellt die Spitze einer „Strategiepyramide" (3. Ebene) dar. Sie wird getragen durch die Mission der Genossenschaftsbank (2. Ebene), und steht letztendlich auf der Basis ihrer Werte (1. Ebene).

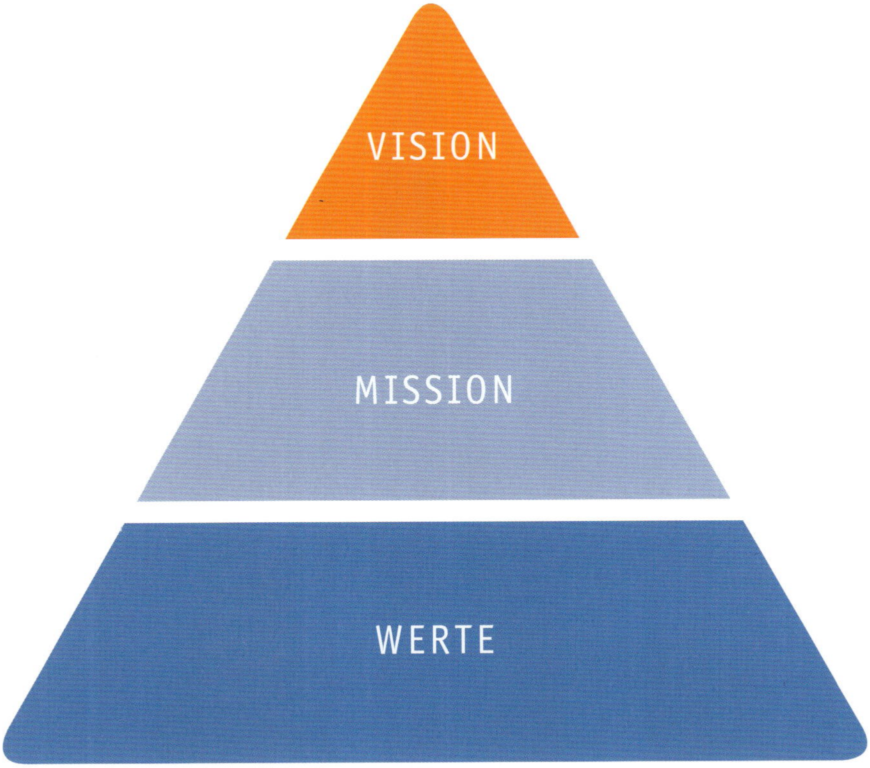

VISION: „BESSER MIT UNS!"

Für unsere Kunden und Mitglieder sind wir in der Region die beste Bank und ziehen neue Kunden an.

Keine andere Bank kennt und versteht die Kundenbedürfnisse so gut wie wir. Deshalb können unsere Kunden und Mitglieder ihre Ziele besser mit uns verwirklichen.

MISSION: „WAS WIR KONKRET TUN."

1. **Für unsere Kunden und Mitglieder:** Wir betreuen unsere Kunden und Mitglieder persönlich, und zwar dauerhaft vor Ort. Wir begleiten unsere Kunden langfristig und finden die passende Lösung: schnell, vorausschauend, gut.

2. **Mit unseren Mitarbeitern:** Wir sind dauerhaft mit unseren Mitarbeitern erfolgreich und leben eine Vertrauens- und Leistungskultur. Unsere Mitarbeiter erbringen mit ihrer kompetenten Arbeit herausragende Leistungen.

3. **Für unsere Region:** Unsere Bank ist untrennbar in der Region verwurzelt und setzt sich für ihre Weiterentwicklung ein. Wir sorgen dafür, dass hier gesparte Gelder in der Region bleiben und wieder vor Ort investiert werden.

4. **Für die erfolgreiche gemeinsame Zukunft:** Wir entwickeln uns im Interesse unserer Kunden und Mitglieder konsequent weiter. Jeder einzelne Mitarbeiter und jede Abteilung arbeitet daran, noch besser zu werden.

WERTE: „WIE WIR HANDELN."

Unser Handeln ist auf Nachhaltigkeit gerichtet. Wir tragen Verantwortung und leben die genossenschaftliche Idee. Wir stehen für Stabilität, Zuverlässigkeit und Sicherheit in der Region.

Verwurzelt in der Region

VOLKSBANK MITTWEIDA: VERWURZELT IN DER REGION – FÜR DIE REGION AKTIV

Die prägenden Werte der Unternehmenskultur macht die Volksbank Mittweida an verschiedenen Stellen bewusst: Mitarbeiterführung, strategische Personalentwicklung, interne Kommunikation und Gesamtbanksteuerung greifen ineinander.

LEISTUNG FÜR DEN KUNDEN

Die Bedürfnisse der Kunden stehen im Mittelpunkt aller Aktivitäten der Genossenschaftsbank. Um ihre Leistung für den Kunden zu steigern und Potenziale noch besser auszuschöpfen, betreibt die Volksbank Mittweida einen permanenten Verbesserungsprozess.

„Im Mittelpunkt unseres Handelns steht die maximale Kundenorientierung."

Leitgedanken der „Vertrauens- und Leistungskultur der Volksbank Mittweida"

AUFRICHTIGKEIT – VERANTWORTUNG – WERTSCHÄTZUNG

Die Haltung der Volksbank Mittweida ist geprägt durch die Werte Aufrichtigkeit, Verantwortung und Wertschätzung. Dies bezieht sich auf den Umgang mit den Kunden und Mitgliedern der Genossenschaftsbank, aber auch auf den Umgang mit den Mitarbeitern und die gemeinsame Arbeit innerhalb der Teams.

Die Bank lebt diese Werte ganz bewusst mit

- klar kommunizierten und gelebten „Leitlinien für Führung und verantwortungsvolles Miteinander", weiter konkretisiert in gemeinsamen „Kommunikationswerten",
- Vereinbarung von Einzel- und Teamzielen,
- Gemeinsamen Seminarreisen und Events.

Sowie zahlreichen Maßnahmen zur Mitarbeiterbindung, wie z.B.

- freiwillige Sozialleistungen für Mitarbeiter,
- betriebliches Gesundheitsmanagement,
- direkte Einbeziehung der Mitarbeiter über einen Ideenpool und Entwicklungsprojekte,
- Angebote zur Weiterbildung bis hin zu Studienfinanzierung,
- familienfreundliche Arbeitszeitregelungen und
- Kontaktpflege zu Mitarbeitern, die vorübergehend nicht aktiv sind, weil sie studieren oder in Elternzeit sind.

Gemeinsam Neues schaffen: Die „Handschrift" aller Mitarbeiterinnen und Mitarbeiter der Volksbank Mittweida

VERTRAUEN

Vertrauen und Wertschätzung bilden die Grundlage des partnerschaftlichen Miteinanders – darauf legt die Volksbank Mittweida großen Wert. „Unsere Bank sind die Menschen", unterstreicht Leonhard Zintl. Jeder einzelne Mitarbeiter setze sich gerne mit seiner individuellen Persönlichkeit für die gemeinsamen Ziele ein. Er wisse, wofür „seine Bank" stehe, und dass er sich auf sie verlassen könne.

Das gleiche gilt auch für die Privat- und Geschäftskunden. Auch sie wissen, dass sie in der Volksbank Mittweida einen verlässlichen Partner haben. Einen Partner, der gerade dann ein offenes Ohr für seine Kunden hat, wenn mal nicht alles „glatt" läuft.

QUALITÄT/STARKE MANNSCHAFTSLEISTUNG

Jeder einzelne Mitarbeiter leistet an seiner Stelle einen wichtigen Beitrag für die gemeinsamen Ziele. Die hohe Leistungsstärke der Volksbank Mittweida beruht auf der hohen Leistung jeder einzelnen Mitarbeiterin und jedes einzelnen Mitarbeiters.

Um ihr sehr gutes Niveau zu sichern und um weitere Leistungssteigerungen zu ermöglichen, hat die Genossenschaftsbank einen Förderpool für angehende Fach- und Führungskräfte aufgebaut. Hier qualifizieren sich Nachwuchskräfte in einem zweijährigen, strukturierten Entwicklungsprogramm für neue Aufgaben. Schwerpunkt des Programms ist die Gestaltung von Veränderungsprozessen. Dieses Lernziel wird unterstützt durch eine Job-Rotation aller Förderpool-Teilnehmer, die ihren Erfahrungsraum erweitern und die Vernetzung innerhalb der Bank stärken.

PERSÖNLICHE BETREUUNG

„Wir tragen Verantwortung dafür, dass die hier gesparten Gelder wieder hier investiert werden können", erklären die Vorstände Leonhard Zintl und Michael Schagenhaufer. Bei der Volksbank Mittweida gehe es um mehr als nur günstige Konditionen für

Geldanlage und Finanzierung. „Unsere Kunden schätzen die ausgesprochen persönliche Betreuung vor Ort." Die Bank setzt sich kontinuierlich dafür ein, die Kundenbetreuung im eigenen Haus noch besser zu machen. Sie wirkt aktiv am bundesweiten Projekt „Optimierung der Beratungsprozesse" mit, das vom Bundesverband der Deutschen Volksbanken und Raiffeisenbanken gesteuert wird.

WACHSTUM/WEITERENTWICKLUNG

Wachstum bedeutet für die Volksbank Mittweida nicht nur eine weitere Steigerung der wirtschaftlichen Kennzahlen, sondern „auch mehr Qualität, stärkere Kundenzufriedenheit und Kundenbindung".

Wachstum bedeutet außerdem eine Stärkung der Veränderungskompetenz. Deshalb legt die Bank großen Wert auf die gezielte Weiterentwicklung der Führungskräfte, sie hat ein spezielles Nachwuchsförderprogramm realisiert und ein Zukunftsmanagement-Team etabliert. Die erprobten Praxiserfahrungen bringt die Bank auch außerhalb des eigenen Hauses ein: im genossenschaftlichen Verbund ist sie Vorreiter und Pilotbank bei verschiedenen Themen.

Die Zukunftsmanagement-Initiative wurde 2008 von den Mitarbeitern der Bank selbst entwickelt und wird seitdem von ihnen getragen. Ein fachübergreifendes Team beschäftigt sich mit der Früherkennung von Trends und Entwicklungen. Auf Basis der gesammelten Beobachtungen werden Chancen und Risiken bewertet und daraus Handlungsoptionen für die Bank abgeleitet. Die Ergebnisse fließen direkt in die Gesamtbankplanung ein.

„Wir handeln zukunftsorientiert, reagieren schnell auf Veränderungen und lernen permanent dazu."

Leitgedanken der „Vertrauens- und Leistungskultur der Volksbank Mittweida"

WIE WERTE WIRKEN

Der durchschlagende Erfolg der gelebten Werte zeigt sich bei der Volksbank Mittweida zum einen in einer sehr guten und nachhaltigen Entwicklung. Die Bank startete 1990 mit einer Bilanzsumme von 122 Millionen Euro, darunter ein relativ geringer Wert von 10 Millionen Euro Kundenkrediten. Diese Position macht heute 54 Prozent einer Bilanzsumme aus, die insgesamt auf 593 Millionen Euro angewachsen ist. Die Volksbank Mittweida hat sich in den letzten Jahren ein außergewöhnlich stabiles wirtschaftliches Fundament erarbeitet. Die Eigenkapitalausstattung ist etwa doppelt so hoch wie im Durchschnitt der Volks- und Raiffeisenbanken. Das Eigenkapital ist die Basis für eine leistungsstarke Bank, denn es verschafft Spielräume bei der Kreditvergabe und für Investitionen in die Zukunftsfähigkeit.

WACHSTUM/WEITERENTWICKLUNG

Vorstand Leonhard Zintl sieht den betriebswirtschaftlichen Erfolg der Volksbank Mittweida als Ergebnis ihrer ausgewogenen Managementarbeit: Kostenmanagement, Prozesseffizienz, Beratungsqualität und Vertriebspower – all das seien jeweils „nur" einzelne Bausteine für nachhaltigen Erfolg. „Der Weg dorthin führt über das Verhalten der Mitarbeiter und das ist geprägt durch die Unternehmenskultur", unterstreicht Leonhard Zintl. „Wir betrachten unsere Kultur als wesentlichen Erfolgsfaktor."

QUALITÄT/STARKE MANNSCHAFTSLEISTUNG

Für ihre Unternehmenskultur und ihren Kundenservice hat die Volksbank Mittweida zahlreiche Wirtschaftspreise errungen.

GROSSER PREIS DES MITTELSTANDES „BANK DES JAHRES 2008"

Im Jahr 2008 errang die Volksbank Mittweida den von der Oskar-Patzelt-Stiftung gestifteten Preis „Bank des Jahres 2008". „Der Preis für den Mittelstand ist der Lohn für das vorbildliche Verhältnis und die partnerschaftliche Zusammenarbeit zwischen Bank und Region", erklärte Leonhard Zintl.

VICTOR: „INNOVATIVSTE BANK"

Im Jahr 2008 wurde die Volksbank Mittweida eG im Rahmen des von Emotion Banking ausgeschriebenen Bankenwettbewerbs VICTOR als „innovativste Bank im deutschsprachigen Raum" ausgezeichnet. 2 Jahre später siegte die Bank in der Kategorie „Unternehmenskultur". Bestätigt wurde der Genossenschaftsbank eine „hohe Kundenorientierung, konsequente Weiterentwicklung und dynamisches Reagieren auf Veränderungen, die sich in der gesamten Bank durchgängig wiederfinden." Deutlich überdurchschnittlich sei ihre Fähigkeit zur „nachhaltigen Umsetzung von Veränderungen". Emotion Banking stellt kaum Wahrnehmungsunterschiede zwischen Mitarbeitern und Führungskräften bezüglich der dominierenden Werte fest und befand, dass alle sprichwörtlich „in der gleichen Welt leben".

„BESTE BANK IN MITTWEIDA 2011"

Beim unabhängigen Focus Money CityContest 2011 für Banken und Sparkassen konnte sich die Volksbank Mittweida eG zum dritten Mal in Folge den Titel „Beste Bank in Mittweida" sichern. Die Berater der Volksbank Mittweida eG überzeugten vor allem in den Wertungskategorien: Vor- und Nachbetreuung, Kundengerechtigkeit und Gesprächsatmosphäre. In den bewerteten Leistungskategorien konnte die Genossenschaftsbank sich erneut verbessern.

„Das Engagement und die Struktur der Erstberatung bei der Volksbank Mittweida eG war gut umgesetzt. So, wie man es sich als Bankkunde wünschen würde."

Kai Fürderer, Institut für Vermögensaufbau (IVA) AG

„Bei der Volksbank Mittweida ist die Kultur durch folgende Werte dominiert: starke Kundenorientierung, permanentes Lernen und Weiterentwickeln sowie Zukunftsorientierung und Dynamik."

Dr. Christian Rauscher,
Geschäftsführer Emotion Banking

„Besser mit uns!“

Michael Schlagenhaufer (links) und Leonhard Zintl, Vorstände der Volksbank Mittweida

WERTE LEBEN: DIE BESTEN PROJEKTE

Bei der Volksbank Mittweida eG beginnt soziale Verantwortung nicht mit der Erfindung dieses Begriffs in der jüngeren Zeit. Der Einsatz für das Gemeinwohl war immer eine Selbstverständlichkeit: Schon der Gründer und „Vater" der Bank, Max Jähnig, hatte über seine Arbeit in der Bank hinaus stets im öffentlichen und politischen Leben gestanden und sich für das Gemeinwohl eingesetzt. Besonders lag ihm hier die Förderung des gewerblichen Mittelstands am Herzen.

DIE BÜRGERSTIFTUNG DER VOLKSBANK MITTWEIDA

Die Vorstände der Bank entwickelten die Idee zur Gründung der Bürgerstiftung im Zusammenhang mit dem 75. Gründungsjubiläum der Volksbank Mittweida. Ihre Idee war es, etwas „Dauerhaftes" für die Region zu schaffen. Mit einem Grundkapital von 500.000 DM riefen sie die Bürgerstiftung der Volksbank Mittweida schließlich im Jahr 1999 ins Leben. Ziel der Stiftung sollte die Förderung kultureller und karitativer Zwecke sein, außerdem wünschten sich die Stiftungsgründer eine Förderung des Sports.

Bei der Stiftungsgründung waren folgenden Gedanken handlungsleitend:

Die Volksbank sieht sich in der Verantwortung der Gründungsväter des genossenschaftlichen Gedankens, Hermann Schulze-Delitzsch und Friedrich-Wilhelm Raiffeisen. Hier gilt das genossenschaftliche Motto „Einer für alle – alle für einen". Die Volksbank Mittweida eG mit ihren Kunden und Mitarbeitern hat sich weit überdurchschnittlich entwickelt. „Jede Leistung bindet auch Verantwortung an sich", unterstreicht Leonhard Zintl. Unterstützung soll immer im Sinne von „Hilfe zur Selbsthilfe" verstanden werden. Als Impuls, nicht als Dauereinrichtung.

Zintl: „Mit der Bürgerstiftung wollen wir ganz gezielt Initiativen, Vereine, Gruppen oder auch Einzelpersonen finanziell stärken, die mit neuen, innovativen, bisher nicht bekannten oder alternativen Ideen und Ansätzen zur Förderung von Bürger- und Heimatwerten im Landkreis Mittweida beitragen."

VOLKSBANK-AKADEMIE

Im Jahr 2000 gründete die Volksbank Mittweida eine „Akademie", die eine Seminarreihe für kleine und mittelständische Unternehmen anbietet. Auf dem Programm stehen zum Beispiel Abendveranstaltungen, die dem Mittelstand in der Region gezielt Impulse geben sollen. Der Volksbank-Akademie geht es aber nicht nur um die konkrete Vermittlung von Know-how, sondern auch um einen Erfahrungsaustausch und eine bessere Vernetzung des Mittelstands untereinander.

„Uns geht es nur gut,
wenn es unseren Kunden gut geht."

Leonhard Zintl, Vorstand

JUGEND UND KULTUR

Das jährliche Musik-Festival „Krach am Bach" mit Klängen aus Rock, Pop, Chillout und Blackmusic ist zur größten Jugendparty Mittelsachsens geworden. Das Event wird organisiert vom Jugendclub Berthelsdorf und gesponsert von der Volksbank Mittweida. Jedes Jahr engagieren sich auch zahlreiche Mitarbeiter der Volksbank mit einer Promotion-Aktion vor Ort.

ENERGIE UND UMWELT

Die Volksbank Mittweida beschäftigt sich intensiv mit dem Thema erneuerbarer Energien und Energieeinsparung. Der Fokus liegt auf der Nutzung regionaler Ressourcen. Ziel ist eine energieautarke Region Mittweida. Anlässlich des 85. Jubiläums übergab die Genossenschaftsbank eine Spende in Höhe von 50.000 Euro an die Bürgerstiftung, die mit diesem Geld innovative Energieprojekte der Kommunen unterstützen sollte. Im Jahr 2009 war die Volksbank Mittweida Initiator für die Gründung der Energiegenossenschaft Regio Energie eG mit privater Beteiligung. Mit einer Startinvestition von 400.000 Euro wurde die Bürgersolaranlage am 22.12.2009 an das Stromnetz angeschlossen.

28.10.2009: Gründung der Regio Energie eG (Gründungsmitglieder)

UNSERE ERFAHRUNG FÜR DEN DEUTSCHEN MITTELSTAND

- Konsequentes Handeln von Vorstand und Führungskräften hat Vorbildfunktion. Arbeiten Sie permanent an der Umsetzung Ihrer „Unternehmens-Tugenden", machen Sie diese immer wieder zum Thema! Ebenso wie bei den finanziellen Kennzahlen muss für alle Mitarbeiter klar sein, für welche gemeinsamen Überzeugungen die Bank steht.

- Chancen nutzt man nur durch TUN! Lieber heute die ersten, einfachen Schritte gehen und aus Erfahrungen lernen, als zu viel Zeit mit umfassenden Konzepten und mit der Analyse möglicher Probleme zu verbringen.

- Leben Sie Freude an Veränderung vor. Bestärken Sie Ihre Mitarbeiter in der Umsetzung neuer Ideen, auch wenn nicht alles „glatt" geht.

- „Mitarbeiter beteiligen" reicht nicht – die größten Effekte entstehen, wenn Mitarbeiter auf der Basis eines gemeinsamen Grundverständnisses wirklich aktiv mitgestalten können.

„Wir leben gegenseitigen Respekt, Verlässlichkeit und offene Kommunikation. Unsere Kultur ist ein wesentlicher Faktor unseres Erfolgs.“

Leitgedanken der „Vertrauens- und Leistungskultur der Volksbank Mittweida“

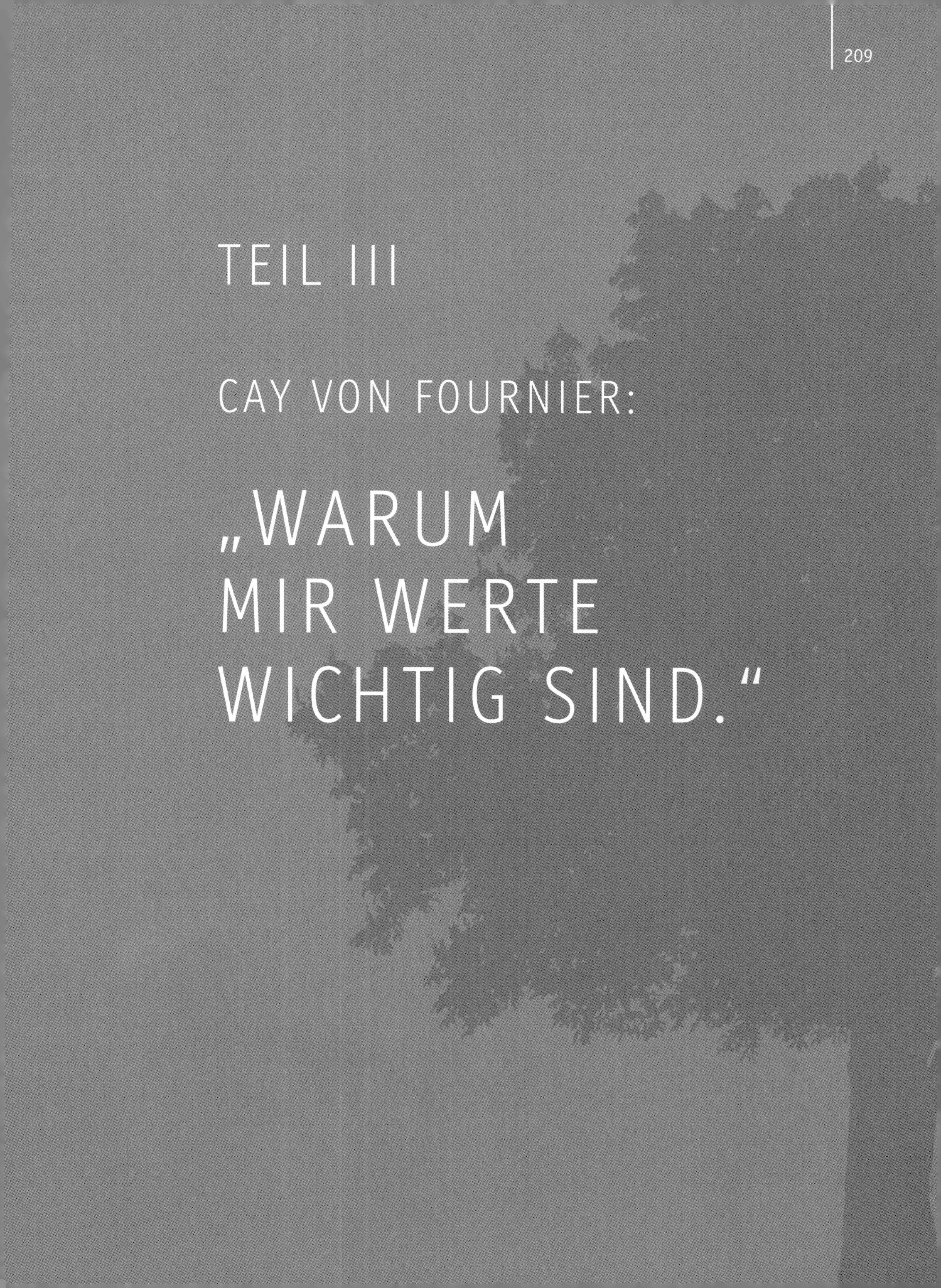

TEIL III

CAY VON FOURNIER:

„WARUM MIR WERTE WICHTIG SIND."

Als ich auf die in diesem Buch dargestellten Menschen und Unternehmen mit der Idee zugegangen bin, gemeinsam ein „Wertebuch" zu schreiben, dauerte es nur wenige Tage, bis ich begeisterte Rückmeldungen bekam. Deshalb möchte ich bereits zu Beginn dieses persönlichen Kapitels die Gelegenheit nutzen, diesen Menschen zu danken. Wir sind uns sehr verbunden, weil uns Werte verbinden.

„Menschen prägen Werte und Werte prägen Menschen."

Cay von Fournier

WAS-WERTE: WAS WILL ICH IM LEBEN ERREICHEN?

Die Werte, die mir wichtig sind, teile ich ein in „Was-Werte" und in „Wie-Werte". Mit den Was-Werten meine ich Werte, die meinem Leben Inhalt geben, die ich gerne erreichen möchte, nach denen ich strebe. Sie sind die Grundlage meiner Ziele und geben somit meinem Leben einen Sinn. Die Wie-Werte beschreiben, wie ich leben möchte, an welchen Werten sich mein Handeln auf dem Weg orientieren soll. Beginnen wir mit meinen Was-Werten:

FREIHEIT & VERANTWORTUNG

Der zentrale Wert meines Lebens ist „Freiheit". Es ist einer der wenigen Werte der Menschheit, für den es sich lohnt zu sterben. Für ihn haben bereits unzählige Menschen ihr Leben gegeben, und wir täten gut daran, diese meist unbekannten Menschen zu ehren. Warum ist den Menschen Freiheit so wichtig? Vielleicht, weil Freiheit die Grundlage des eigentlichen Sinns unseres Lebens ist: die Weiterentwicklung auf allen Ebenen – biologisch (Evolution), geistig, emotional und auch spirituell.

„Die Freiheit besteht in erster Linie nicht aus Privilegien, sondern aus Pflichten."

Albert Camus

Ein wesentlicher Aspekt der Freiheit ist die Verantwortung. Beide gehören zusammen, denn keiner dieser Werte kann ohne den anderen Wert auf Dauer bestehen. Dort, wo es keine Freiheit gibt, werden die Menschen auch keine Verantwortung übernehmen. Dort, wo die Verantwortung mit Füssen getreten wird, wo verantwortungslos gelebt und gewirtschaftet wird, geht die Freiheit verloren. In genau einer solchen Gesellschaft leben wir gerade. Das Risiko, dass wir unsere Freiheit verlieren wird täglich mehr zur Realität. Dieses Buch ist daher ein Appell, wieder mehr Verantwortung für das eigene Handeln zu übernehmen. Die hier vorgestellten Unternehmen und Unternehmerpersönlichkeiten können uns hier ein Beispiel geben.

„Der Mensch ist nichts an sich. Er ist nur eine grenzenlose Chance. Aber er ist der grenzenlos Verantwortliche für diese Chance."

Albert Camus

Zu meinen anderen persönlichen „Was-Werten" neben Freiheit und Verantwortung orientiere ich mich gerne an dem von mir entwickelten Modell der Lebensbalance (siehe mein Buch „Das Geheimnis der Lebensbalance"). Unser Leben beschreibe ich hier in acht Aspekten, die ich jeweils mit einem Wort überschrieben habe, das mit einem „F" beginnt. Daher nenne ich es auch das „8-F Modell" unseres Lebens. Es umfasst die vier Schwerpunkte unseres Lebens:

- Oben in diesem Modell stehen die Aspekte, die unserer Seele entsprechen,
- rechts unsere Herzensangelegenheiten,
- links die Bereiche unserer geistigen Leistung und
- unten unsere körperliche Dimension.

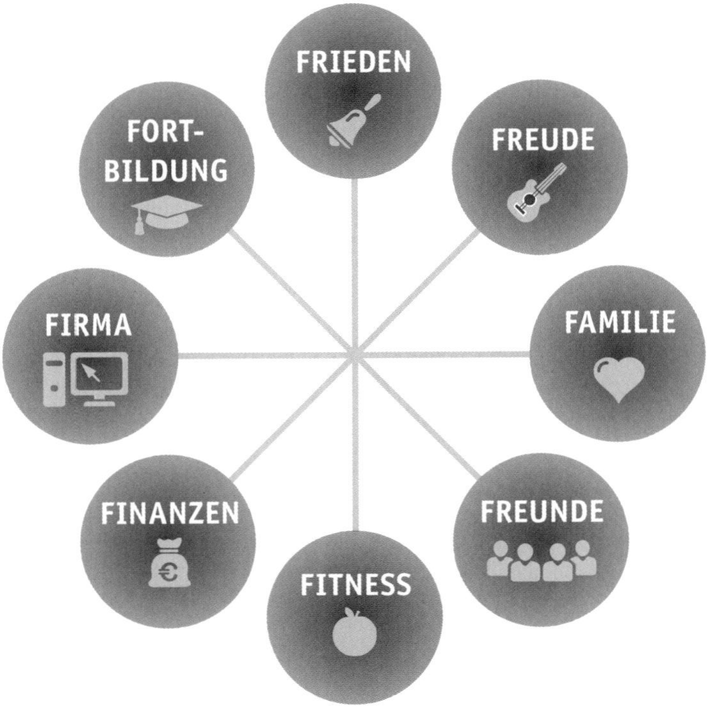

Frieden – Mein Ziel ist innerer Seelenfrieden. Viel zu wenig Zeit nehme ich mir oft für meine innere Gelassenheit und meinen inneren Frieden: der Zwischenstopp bei einer Autobahnkapelle, oder in einer Kirche eines meiner Reiseziele; die Meditation am Morgen, das Gebet am Abend; die Zeit für mein Tagebuch. All das sind Rituale, die diesem wohl wichtigsten Wert Raum geben. Wenn ich einmal inneren Frieden gefunden haben werde, dann wird mich nichts Äußeres mehr beunruhigen. **Wie finden Sie Ihren inneren Frieden?**

Freude – Mit Freude meine ich meine Hobbys. Die Auszeit, die ich mir gönnen möchte, um etwas zu genießen, das mir einfach „nur" Spaß macht. Sport in seiner eigentlichen Form des Trainings zähle ich übrigens nicht dazu. Er findet etwas später Platz bei einem anderen Wert. Freude empfinde ich, wenn ich hoch in der Luft selbst ein Flugzeug steuere, wenn ich auf dem Meer am Steuer eines Segelbootes stehe, oder wenn ich das schöne Spiel Golf zusammen mit anderen Menschen an der frischen Luft genießen kann. **Wo finden Sie Freude?**

Familie – Zeit mit den Menschen zu verbringen, mit denen ich verbunden bin, das heißt für mich Familie. Ich bin gesegnet mit vielen besonderen und lieben Menschen, die zu meiner Familie zählen. Doch ich komme auch aus schwierigen Verhältnissen und habe mir wieder schwierige Verhältnisse geschaffen. Alleine ich bin verantwortlich dafür, und alleine ich kann meinen Weg finden, in einer warmen und herzlichen Familie zu leben. **Wie leben Sie Familie?**

Freunde – Zeit für Menschen zu haben, die mir neben meiner Familie lieb und wertvoll sind, das bedeutet mir viel. Doch diese Zeit kam in den vergangenen 17 Jahren viel zu kurz. Echte Freunde sind so wichtig wie falsche Freunde überflüssig sind. **Wie leben Sie Freundschaft?**

Fitness – Wir haben nun einmal nur diesen Körper und dieser Körper ist Bewegung und Kraftentfaltung gewöhnt. Die meiste Zeit unseres Lebens gehen wir nicht auf die Bedürfnisse unseres Körpers ein. Dabei holt uns all die Zeit wieder ein, die wir vermeintlich gespart haben. Nicht nur körperliche, sondern auch geistige Fitness gehört zu diesem ganzheitlichen Wert. Mich fasziniert die Erfahrung, zunächst kaum fünf Kilometer laufen zu können, nach sechs Monaten leicht 21 Kilometer zu schaffen und nach zwölf Monaten sogar 42 Kilometer. **Wie halten Sie sich fit?**

Finanzen – Leistung bringen, legal und moralisch handeln, mein Leben möglichst frei gestalten und unabhängig leben – das bedeutet Wohlstand für mich. Ich möchte selbst entscheiden, für welche Menschen und welches gesellschaftliche Engagement ich meine Ressourcen einsetze. Finanzielle Gerechtigkeit bedeutet für mich Leistungs-Gerechtigkeit. **Was bedeutet Geld für Sie?**

Firma – Ich habe den Weg des Unternehmers und Selbstständigen gewählt. Diese Grenze ist bei mir fließend, denn wir sprechen nicht über ein riesiges Unternehmen mit vielen hundert Beschäftigen. Darum geht es mir auch nicht. Andere Unternehmer zu besseren Unternehmern zu machen ist der Kern meiner Arbeit. So erreiche ich viele tausend Mitarbeiter und trage einen kleinen Teil zu deren Erfolg bei. **Was bedeutet Ihnen Ihr Unternehmen?**

Fortbildung – Unabhängig von meiner Berufung, die ja viel mit Fortbildung für andere zu tun hat, ist mir meine persönliche Fortbildung immer sehr wichtig gewesen. Ich lerne gerne, ich lese gerne und ich schreibe gerne. Sicher ist dies eine gute Voraussetzung für den Beruf, den ich ausfüllen darf. **Wie lernen Sie weiter?**

Aus all diesen Werten ergeben sich konkrete Ziele, die mich durch mein Leben begleiten. Viele habe ich bereits erreicht und viele liegen noch vor mir. **An welchem Punkt stehen Sie in Ihrem Leben?**

Wichtig ist mir an dieser Stelle folgendes: **Werte sind wichtiger als Ziele.**

Damit trete ich einer verbreiteten Grundhaltung entgegen. Denn ich bin überzeugt: das eindimensionale Erfolgsdenken ist Teil der gegenwärtigen Probleme und nicht Teil ihrer Lösung. Ziele sind per Definition messbar und daher häufig in der materiellen Welt zuhause. Wir haben aber zu viel materielles Denken und zu wenig spirituelle Weisheit.

Wir „haben" zu viel und „sind" zu wenig. Wir wissen viel und sind uns nur wenig bewusst. Unser Wissen und unser Gewissen gehen nicht mehr Hand in Hand. Das ist dramatisch: Denn Wissen ist die Grundlage unserer materiellen Werte, Gewissen die Grundlage unserer geistigen Werte.

Umso wichtiger ist unsere Transformation von der Wissensgesellschaft hin zu einer Bewusstseinsgesellschaft. Werte weisen uns hier den Weg. Wenn es uns gelingt, wieder sehr viel mehr nach Werten zu leben, wird sich unser Leben und werden sich auch die Lebensumstände zum Guten ändern.

„Das gute Beispiel ist nicht eine Möglichkeit,
andere Menschen zu beeinflussen,
es ist die einzige."

Albert Schweitzer

WIE-WERTE: WIE WILL ICH MEIN LEBEN LEBEN?

Und so kommen wir jetzt zu meinen „Wie-Werten". Diese beschreiben, „wie" ich mein Leben leben möchte. Es handelt sich hier gewissermaßen um meine persönlichen Leitlinien. Auf der Suche nach solchen Leitlinien habe ich in der Tat „alte" Werte neu entdeckt: die sieben Kardinaltugenden, die bereits in diesem Buch beschrieben wurden, plus einer Tugend, die mir in jüngerer Zeit besonders wichtig geworden ist.

Ehrlichkeit – Ehrlichkeit ist ein sehr schwieriger Wert, denn er führt uns jeden Tag in den Konflikt mit anderen Werten. Allerdings ist er dadurch die Grundlage jeder Ethik und auch die Grundlage einer an Werten orientierten Lebens- und auch Unternehmensführung. Es ist bemerkenswert, dass er in den Kardinaltugenden nicht vorkommt. Vielleicht war er in der Antike auch nicht so groß geschrieben worden und wenn wir ganz ehrlich sind, so wird er es auch heute noch nicht. Ich habe stets eine große Zuneigung zu diesem Wert empfunden, als die Grundlage eines richtigen und gelungenen Lebens, aber erst meine Lebensumstände der letzten Jahre haben mich die wahre und weit reichende Bedeutung dieses Wertes gelehrt. **Wie leben Sie Ehrlichkeit?**

Weisheit – Die Grundlage und zugleich das Ziel allen philosophischen Denkens: die Liebe zur Weisheit. Für Sokrates war Weisheit der übergeordnete „Was-Wert". Für mich bedeutet dieser Wert als „Wie-Wert", in jedem Moment des Lebens dessen eigentliche Bedeutung zu suchen. Denn Weisheit ist stets ein Weg, nie ein Ziel. Wir werden nie dort ankommen. Diesen Weg jedoch zu suchen und jeden Tag ein bisschen beschreiten zu dürfen ist eine sehr gute Leitplanke für das eigene Handeln. Daher gründen sich auch viele Religionen in der Tugend der Weisheit: Die ersten zwei Pfade des Achtfachen Pfades im Buddhismus beziehen sich darauf. Die Vergebung in der Christlichen Lehre ebenfalls. Hier gilt: Handle stets weise, auch wenn Du nicht Weise behandelt wirst. **Was bedeutet Weisheit für Sie?**

Tapferkeit – Das Leben ist nicht nur einfach und schön. Manche Menschen mögen es uns einreden wollen und bleiben damit an der Oberfläche. Es gibt Krankheit, Leid und auch den Tod. Es gibt Hunger, Ungerechtigkeit und Gewalt. Das Leben beinhaltet leider auch sehr viel Leid. Sich diesem Leid zu stellen, sich seinen Ängsten zu stellen ist weder einfach, noch schön. Daher braucht es einen tapferen Geist, dies zu tun. Denn was wäre, wenn wir keine Angst mehr hätten? Wären wir dann glücklich? Was wäre, wenn es keine Masken mehr braucht, um unser Leben zu leben? Wäre dann Liebe allgegenwärtig? Auf dem Weg durch unsere Ängste hindurch brauchen wir den Wert Tapferkeit. Auch Ehrlichkeit und Gerechtigkeit braucht diesen Wert. Es ist ein Wert der Konsequenz. Sowohl unsere Gesellschaft, als auch unsere Unternehmen leiden an einem Mangel an Konsequenz. **Wo sind Sie mit Ihrer Tapferkeit gefordert?**

„Jahre runzeln die Haut, aber den Enthusiasmus aufgeben runzelt die Seele."

Albert Schweitzer

Besonnenheit – Sich auf den Sinn konzentrieren, das Wichtige erkennen und das Unwichtige weglassen. Das bedeutet für mich dieser Wert. „Das richtige Maß halten" ist eine weitere Interpretation. Für mich leitet sich auch ein anderer Wert daraus ab, den ich als einen Schwesterwert bezeichnen möchte: Einfachheit. „Was kann ich einfacher machen?" Dies ist eine zentrale Frage der Lebensführung. Denn die Kunst des Lebens liegt nicht darin, dass man tut, was man will, sondern, dass man nicht tut, was man nicht will. Um das zu erkennen, müssen wir oft einfach einen Schritt zur Seite treten und das Geschehen von außen beobachten. **Wie wahren Sie Ihre Besonnenheit?**

Gerechtigkeit – Gleichheit vor dem Recht. Fair mit Menschen umzugehen und danach streben, eine gute Lösung für beide Parteien im Falle eines Streites zu suchen. Aber dieser Wert beinhaltet auch die negativen Konsequenzen im Falle eines Bruches von Werten. Der Schwesterwert ist für mich hier wieder die Konsequenz. Es gibt viel zu viel Beliebigkeit und somit Gleichgültigkeit in der Welt. Wenn diese Tendenz weiter zunimmt, so sind alle anderen Werte in Gefahr. Nicht umsonst war Gerechtigkeit für Sokrates der wichtigste Wert. **Wollen Sie einsam siegen – oder gemeinsam gewinnen?**

Glaube – Dieser Wert beschreibt eine der drei Tugenden aus der Christlichen Ethik (1. Korinther, 13) und bedeutet für mich, dass ein Leben erst dann lebenswert ist, wenn es auch etwas gibt, für das es sich lohnen würde zu sterben. Der Glaube im religiösen, wie auch im philosophischen Sinn gehört daher zu den Leitlinien meines Lebens. Wir werden nie alles wissen. Vieles ist auch nicht wichtig. Aber selbst bei den zentralen Fragen unseres Lebens wird es immer Aspekte geben, die wir nicht wissen werden. Umso wichtiger für ein gelungenes Leben ist ein starker Glaube. **Gibt Ihr Glaube Ihnen Kraft?**

Hoffnung – „Die Welt ist nicht heil, aber heilbar" so formuliert es Viktor E. Frankl. In diesem Zitat wird unserem übergeordneten Sinn deutlich, einen Beitrag dafür zu leisten, dass diese Welt heil wird. Es gibt so viel Schlechtes und Böses in dieser Welt, dass es uns schwer fällt, an eine heile Welt zu glauben. Trotzdem bleibt unsere Hoffnung auf eine bessere Welt bestehen. **Was ist Ihre persönliche Hoffnung?**

Liebe – Der wohl größte Wert für uns alle. Liebe ist die übergeordnete Kraft, die alles überdauert und alles zusammenhält. Wahres Glück ist nur durch wahre Liebe zu erfahren. Liebet einander! Dies ist wohl die größte Erkenntnis, die jeder Sterbende zum Zeitpunkt seines Todes hat. Persönlich durfte ich dies so oft erleben. Ich durfte förmlich spüren, wie wichtig diese Kraft für das Leben ist. Gerade in der Stunde des Todes wird dies offensichtlich. Vielleicht ist diese immense Kraft genau der Grund dafür, warum wir in unserem Leben so oft vor diesem Wert zurück schrecken – und es nicht schaffen, Liebe einfach zu leben. **Wie viel Liebe ist in Ihrem Leben?**

DER WEG IST WICHTIGER ALS DAS ZIEL

Meine eigene Wertewelt ist entscheidend geprägt durch meinen ersten Kontakt mit dem Werk Albert Schweitzers. Ich muss wohl 15 oder 16 Jahre alt gewesen sein, als ich in der Schule über sein Leben und Wirken referiert habe. Dieses Referat sollte mein Leben berühren und Weichen stellen für mein zukünftiges Leben. Eine weitere wesentliche Weichenstellung war für mich, im Alter von 24, der Besuch des Seminars **UnternehmerEnergie.**

So ist auch mein Leben geprägt von Kurswechseln: Mit 27 Jahren startete ich als Assistenzarzt, lernte meine erste Frau kennen. Mir wurden wundervolle Kinder geschenkt, ich promovierte (ganz ohne Plagiat) und wurde Facharzt der Chirurgie (jedoch mit Burn-Out). Ich verließ den Arztberuf, promovierte noch einmal (wieder ohne Plagiat), kaufte ein Unternehmen, gründete andere, wurde geschieden.

Ich führte mein Team in guten und in schlechten Zeiten – ich führte es gut und ich führte es schlecht. Ich fand Freunde und verlor sie wieder. Ich erlebte gute und schlechte Zeiten in meiner Familie, die sich unterdessen in eine echte Patchwork-Familie verwandelt hat. So erlebte ich die Herausforderungen des modernen Lebens, im privaten Umfeld genauso wie im Beruf, und ich erlebe sie jeden Tag weiter. Mein Leben ist komplex, genauso wie Ihr Leben komplex ist. Werte helfen, Ordnung in diese Komplexität zu bringen. Daher sind mir Werte sehr wichtig. Doch zugleich scheitere ich an meinen Werten – jeden Tag.

Vielleicht ist es genau das, was ein an Werten orientiertes Leben ausmacht. Den Streit zwischen den Werten von Körper, Geist, Herz und Seele auszuhalten. Über andere Menschen zu urteilen ist dabei viel leichter, als die Ansprüche, die wir an andere stellen, wirklich selbst zu leben. Werte sind nicht einfach zu leben, sie fordern uns heraus. Uns bleibt nichts anderes übrig, als uns dieser Herausforderung zu stellen. Das sind wir uns selbst schuldig, das sind wir aber auch unseren Unternehmen schuldig. Denn wer sollte Impulse für eine humane Wirtschaft setzen, wenn nicht wir selbst es tun? Und wann soll das geschehen, wenn nicht jetzt? Die ganze Welt können wir wohl nicht verbessern. Aber lassen Sie uns doch wenigstens das besser machen, was in unserer Macht steht.

Ihr Cay von Fournier

„Wer soll Impulse für eine humane Wirtschaft setzen, wenn nicht wir selbst es tun? Und wann soll das geschehen, wenn nicht jetzt?“

Cay von Fournier

UNTERNEHMERENERGIE

DIE PRAXIS WERTEORIENTIERTER UNTERNEHMENSFÜHRUNG

Minimaler Aufwand, maximaler Nutzen: In vier Tagen vermittelt das Seminar UnternehmerEnergie, wie Sie unternehmerisch erfolgreicher und gleichzeitig menschlich gelassener werden. Im Zentrum des Seminars stehen einerseits Ihre persönlichen Werte und Ziele, andererseits die Werte und Ziele Ihres Unternehmens. Ganzheitlich und praktisch stellen Sie Ihre persönliche und unternehmerische Situation auf den Prüfstand, Sie besinnen sich darauf, wofür Sie ursprünglich einmal angetreten sind – und wie Sie dies auch heute noch werteorientiert und zugleich wertschöpfend umsetzen können. Das Seminar integriert alle Unternehmensbereiche: Steuerung, Strategie, Management und Führung. Die vermittelten Inhalte und individuell erarbeiteten Ergebnisse können sofort nach dem Seminar im Unternehmen angewendet werden.

Inklusive 1000 Seiten Lehrwerk FührungsEnergie mit praktischem Arbeitsordner.

SchmidtColleg GmbH & Co. KG · Markt 11 · 95679 Waldershof
Telefon +49 (0) 92 31. 50 51-0 · info@schmidtcolleg.de
www.schmidtcolleg.de/unternehmerenergie

Das Seminar zuerst in Buchform kennenlernen: UnternehmerEnergie – Die Praxis der Unternehmensführung
Art.-Nr. 1682 / 400 Seiten / Hardcover / € 59,90

LITERATUR

ZEITSCHRIFTEN/ STUDIEN

Bittelmeyer, Andrea: Wie Manager zur Moral finden. Zwischen Ethik und Erfolgsdruck. In: ManagerSeminare Nr. 98/2006, S. 78-84

Bucksteeg, Mathias; Hattendorf, Kai: Führungskräftebefragung 2010. Eine Studie der Wertekommission – Initiative Werte Bewusste Führung e.V., Bonn, in Zusammenarbeit mit der Valoress-Strategieberatung, Köln. www.wertekommission.de

Gloger, Axel: Phrasen mit Perspektive. Moral im Management. In: ManagerSeminare Nr. 142/2010, S. 18-23

Hemel, Ulrich: Wertschöpfung durch Wertschätzung. Werteorientierte Unternehmensführung in der Praxis. In: OrganisationsEntwicklung Nr. 4/2008, S. 30-37

Jumpertz, Sylvia: Vom Zustand des Anstands. Moral im Management. In: ManagerSeminare Nr. 158/2011, S.24-30

Meyer, Anna; Oldenburg, Dirk: Macht – Wert – Sinn? Werte- und Wertorientierung in Familienunternehmen. In: OrganisationsEntwicklung Nr. 4/2008, S. 17 – 22

Meiffert, Torsten: Auf Sinnsuche. Unternehmen zwischen Geld- und Wertorientierung. In: OrganisationsEntwicklung Nr.4/2008, S. 4-9

Nietsch, Cornelia; Weiffenbach, Hermann: Wie kann ethisches Verhalten in Unternehmen nachhaltig integriert werden? In: OrganisationsEntwicklung Nr. 2/2011, S. 66-73

Posé, Ulf: Moralisches Missverständnis: Profit ist unethisch. In: ManagerSeminare Nr. 151/2010, S. 39

Schaake, Monika; Martens, Andree: Wettlauf um Wohltaten. Corporate Social Responsibility. In: ManagerSeminare Nr. 129/2008, S. 18-24

BÜCHER

Bayertz, Kurt: Warum überhaupt moralisch sein? München: C.H. Beck, 2006

Comte-Sponville, André: Ermutigung zum unzeitgemäßen Leben: Ein kleines Brevier der Tugenden und Werte. Reinbek: Rowohlt, 2010

Comte-Sponville, André: Woran glaubt ein Atheist? Spiritualität ohne Gott. München: Diogenes, 2009

Erpenbeck, John; Heyse, Volker: Die Kompetenzbiographie. Wege der Kompetenzentwicklung. Münster: Waxmann, 2007

von Fournier, Cay: Die 10 Gebote für ein gesundes Unternehmen: Wie Sie langfristig Erfolg schaffen. Frankfurt/ New York: Campus, 2010

von Fournier, Cay: UnternehmerEnergie: Die Praxis der Unternehmensführung. Offenbach: Gabal, 2011

Gilber, Dirk Ulrich: Vertrauen in strategischen Unternehmensnetzwerken. Ein strukturationstheoretischer Ansatz. Wiesbaden: Gabler, 2003

Kalverkamp, Klemens: Miteinander ernten. Das Erfolgsgeheimnis des German Management. Wiley-VCH, Weinheim 2009,

Lay, Rupert: Die Macht der Moral. Unternehmenserfolg durch ethisches Management. Düsseldorf/Wien/New York: Econ, 1990

Schweitzer, Albert: Die Ehrfurcht vor dem Leben: Grundtexte aus fünf Jahrzehnten. München: Beck, 2009

Schweitzer, Albert: Aus meinem Leben und Denken. Frankfurt: Fischer, 2011

Walter, Norbert: Marktwirtschaft, Ethik und Moral. Wie Werte das Vertrauen in die Ökonomie stärken. Berlin University Press, Berlin 2009

Weinberger, Katharina: Kopfzahl-Paranoia. Von der Selbstzerstörung der Konzerne. Deutscher Taschenbuch Verlag, München 2009

Wilber, Ken: Integrale Spiritualität. München: Kösel, 2007

LINKS

www.csr-news.net
www.der-ehrbare-kaufmann.de
www.dnwe.de
www.econsense.de
www.ethikverband.de
www.nachhaltigwirtschaften.net
www.wertekommission.de

FUSSNOTEN

1 Bucksteeg, Mathias; Hattendorf, Kai: Führungskräftebefragung 2010. Eine Studie der Wertekommission – Initiative Werte Bewusste Führung e.V., Bonn, in Zusammenarbeit mit der Valoress-Strategieberatung, Köln. www.wertekommission.de

2 Vgl. Bayertz, Kurt: Warum überhaupt moralisch sein? München: C.H. Beck, 2006. S. 34

3 Lay, Rupert: Die Macht der Moral. Unternehmenserfolg durch ethisches Management. Düsseldorf/Wien/New York: Econ, 1990, S.94/95

4 Frankl, Victor: Ärztliche Seelsorge. Grundlagen der Logotherapie und Existenzanalyse. München: dtv 2007, S. 91

5 Frankl, Victor: Frankl, Victor: a.a.O., S. 92

6 Frankl, Victor: Frankl, Victor: a.a.O., S. 93

7 Hemel, Ulrich: Wertschöpfung durch Wertschätzung. Werteorientierte Unternehmensführung in der Praxis. In: OrganisationsEntwicklung Nr. 4/2008, S. 30-37, hier Weber, Max: Die Protestantische Ethik I. Eine Aufsatzsammlung, hrsg. v. Johannes Winckelmann, GTB/Siebenstern 1979, S. 53

8 Eigene Übersetzung

9 Vgl. Frank W. Heuberger: Transnationale Trendsetter: Kommunikative Rationalität und Ethik als Erfolgsfaktoren für Corporate Citizenship. In: Backhaus-Maul, Holger; Biedermann, Christiane; Nährlich, Stefan, Poterauer, Judith (Hg.): Corporate Citizenship in Deutschland. Gesellschaftliches Engagement von Unternehmen. Bilanz und Perspektiven. Wiesbaden: VS Verlag für Sozialwissenschaften, 2010, S.688-705, hier S. 698

10 Jumpertz, Sylvia: Vom Zustand des Anstands. Moral im Management. In: ManagerSeminare Nr. 158/2011, S.24-30, hier S. 26

11 Weber, Max: Die Protestantische Ethik I. Eine Aufsatzsammlung, hrsg. v. Johannes Winckelmann, GTB/Siebenstern 1979, S. 53

12 In: Stuttgarter Zeitung Nr. 182/2008 vom 6. August 2008, S. 8

13 Erpenbeck, John; Heyse, Volker: Die Kompetenzbiographie. Wege der Kompetenzentwicklung. Münster: Waxmann, 2007, S. 201

14 Bucksteeg, Mathias; Hattendorf, Kai: a.a.O., S. 7

15 Bittelmeyer, Andrea: Wie Manager zur Moral finden. Zwischen Ethik und Erfolgsdruck. In: ManagerSeminare Nr.98/2006, S. 78-84, hier S. 82

16 Posé, Ulf: Moralisches Missverständnis: Profit ist unethisch. In: ManagerSeminare Nr. 151/2010, S. 39

17 Meyer, Anna; Oldenburg, Dirk: Macht – Wert – Sinn? Werte- und Wertorientierung in Familienunternehmen. In: OrganisationsEntwicklung Nr. 4/2008, S. 17 – 22, hier S. 21

18 Vgl. Habisch, André: Unternehmergeist in der Bürgergesellschaft. Zur Innovationsfunktion von Corporate Citizenship. In: Backhaus-Maul, Holger; Biedermann, Christiane; Nährlich, Stefan, Poterauer, Judith (Hg.): Corporate Citizenship in Deutschland. Gesellschaftliches Engagement von Unternehmen. Bilanz und Perspektiven. Wiesbaden: VS Verlag für Sozialwissenschaften, 2010, S. 157-172, hier S. 166

19 Zit. nach Schaake, Monika; Martens, Andree: Wettlauf um Wohltaten. Corporate Social Responsibility. In: ManagerSeminare Nr. 129/2008, S. 18-24, S.18

20 Zit. nach Schaake, Monika; Martens, Andree: a.a.O., S.18

21 http://www.innovations-report.de/specials/printa.php?id=29052

22 Frank W. Heuberger: a.a.O., S. 702

23 Vgl. Dirk Ulrich Gilbert: Vertrauen in strategischen Unternehmensnetzwerken. Ein strukturationstheoretischer Ansatz. Wiesbaden: Gabler, 2003.

24 Meyer, Anna; Oldenburg, Dirk: a.a.O., S. 22

25 Vgl. Habisch, André: a.a.O.

26 Lay, Rupert: a.a.O., S. 23

27 Zitiert nach Schaake, Monika; a.a.O., S.20

28 Lay, Rupert: a.a.O., S.95

29 Vgl. Jumpertz, Sylvia: a.a.O., S.30

30 Meiffert, Torsten: Auf Sinnsuche. Unternehmen zwischen Geld- und Wertorientierung. In: OrganisationsEntwicklung Nr.4/2008, S. 4-9

31 Siehe Nietsch, Cornelia; Weiffenbach, Hermann: Wie kann ethisches Verhalten in Unternehmen nachhaltig integriert werden? In: OrganisationsEntwicklung Nr. 2/2011, S. 66-73

Rüdiger und Annette Nehberg mit einem Mädchen vom Volk der Afar, die dem Brauch bereits abgeschworen haben

Täglich werden 8000 Mädchen genital verstümmelt. Alle 11 Sekunden eines!

Wir haben die historische Basis für das Ende dieses grausamen Rituals geschaffen: Die Elite des Islam hat den Brauch zur Sünde erklärt.

Helfen Sie uns, diese Botschaft zu verbreiten! Sie sind uns herzlich als Förderer willkommen.

Gemeinsam für die Mädchen Afrikas.

TARGET
(ZIEL)
RUEDIGER NEHBERG

www.target-nehberg.de
Spendenkonto: Sparkasse Holstein
BLZ: 213 522 40 · Konto: 50 500

Gerade ein Buch über Werte verdient noch einen letzten Wert: **Dankbarkeit**

Ich bin dankbar für all die Menschen, die mich beruflich, wie privat sehr unterstützen. Die Nennung der Namen würde hier den Rahmen sprengen. Mein Dank wird ein persönlicher sein. Namentlich danken möchte ich an dieser Stelle aber Anne Jacoby und Verena Lorenz. Ihr seid meine Stars. Danken möchte ich Hilmar Wollner für seine Unterstützung und meinem ganzen Team. Ihr habt es nicht immer leicht. Danke.

Bibliografische Information der Deutschen Nationalbibliothek

Die Deutsche Nationalbibliothek verzeichnet diese Publikation in der Deutschen Nationalbibliografie; detaillierte bibliografische Daten sind im Internet über http://dnb.d-nb.de abrufbar.

978-3-9814033-8-1

Umschlag: Verena Lorenz, München
Satz und Layout: Verena Lorenz, München
Texte: Cay von Fournier; Anne Jacoby, Frankfurt am Main

Bildernachweis:
Horst Donaubauer: 57, 59, 64, 69, 79, 80, 85, 86, 87, 89, 105, 110, 117, 129, 136, 139, 146, 147, 149, 151, 159, 160, 167, 170, 175, 180, 181, 184, 191, 193, 201, 202, 206, 207
f1online.de: 9–49, 219 (Fancy), 219 (Topaz)
Fotolia: 70, 71, 91, 100, 112, 132, 134, 135, 173
Istockfoto: 113, 144, 145
NeubauWelten: Cover-Illu (Baum), 2, 56, 88, 118, 148, 178
Photocase: 70 (Glückskeks)
SSK-Gruppe: 62, 63, 75
Werbe design Arnold: 72, 77
Brother: 92, 93, 94, 96, 101, 115
Nordmann Unternehmensgruppe: 119, 122, 123, 124, 131, 141, 142, 143
Weisses Bräuhaus G. Schneider & Sohn: 152, 153, 154, 155, 156, 169, 172, 176, 177
Volksbank Mittweida eG: 179, 182, 189, 196, 205
Verena Lorenz: 102, 132, 135, 164, 194

Druck: Konrad A. Holtz AG, Neudrossenfeld
Printed in Germany